コンピュータシステム入門

コンピュータシステム入門

都倉信樹 — 著

岩波書店

はじめに

　21世紀は情報とバイオと環境の時代であると言われている．新しい世紀に対する期待や予想はいろいろあるが，そこには例外なく「情報」ということが含まれている状況である．20世紀の半ばに登場したコンピュータはいまやわれわれの生活のあらゆる場面で関わりをもつまでになっているし，インターネット，携帯電話等による通信との融合，そして，パソコンのようなコンピュータらしい姿はしていないが，家電をはじめ種々の機器や身の回りのものにコンピュータが入り込み，それが互いに通信するような時代を迎えようとしている．

　社会のあり方や人間の生活に大きな影響を与えるコンピュータと通信について，ある程度のきちんとした基礎知識をもつことが今後ますます必要になるのではないだろうか．アメリカの高校のコンピュータサイエンスのカリキュラムの提案では次のように言っている．「20世紀は物理や化学の世紀であり，その社会で生きていく上で，物理や化学を学んでおく必要があった．そして，これからは情報の世紀を迎える．情報社会に生きる人間として，情報技術についての理解が必須である」．そして，本格的なコンピュータサイエンスのカリキュラムが作り上げられている．残念ながら，日本ではようやく2003年度から高校に情報科目が導入されるが，小学校から行なわれている理科教育に比べると，情報教育はまだまだという感は否めない．上ではアメリカの例を挙げたが，国際的にみて日本の情報教育はとても十分なものとは言えない状況である．

しかし，日本でも情報関係の報道がない日はないほどになってきた．新聞の記事が理解できる程度の基礎知識や考え方をもつことは社会人としても必要であろう．

本書はこれからの時代に生きる人々にできるだけコンピュータや通信の基礎知識をもってほしいと考えて書いた．対象読者としては，上に述べたようなことをじっくりと学びたい，知りたいという意欲のある方を想定している．記述レベルは大学1, 2年生，高専生を想定しているが，その範囲に限るものではない．コンピュータや通信に興味のある高校生にも読んでもらうなら非常にうれしいことである．また，コンピュータについて基礎から学んでおきたいという大学院生・社会人にも有用であると考える．また，対象読者として，今後情報関係の教育にあたる，中学・高校の先生方にも参考になることを願って内容を選択している．

その構想をもって，できるだけ広範囲の方々に有用な本となるように，本書には印刷による本文だけでなく，CD-ROM を付け加えてさらに深く学ぶ人のための補足・付録を収めた．本文の解説は教科書スタイルで書いてあるが，CD-ROM の方は多少くだけた表現も取り入れ，よりなじみやすいものを目指した．

CD-ROM の内容は，

- 本文の補足(学習の目標，まとめ，学習の手引き，本文中の Q (question/quiz) の解説や，演習問題の解答例，補充問題などを含む)
- 付録(補充問題の解答例，種々の用語の解説，関連事項のより詳しい説明など)

であり，本文ではカバーしきれない詳しい説明を補ってある．本文と並行して，必要な部分を読んでもらいたい．CD-ROM で説明のある事項は，本文中，†(ダガー)をつけて連絡を図っている．

とくに，用語の説明は，著者の言葉でさまざまな観点からの解説を試みている．できるだけ頻繁に用語解説を読み，多角的に理解してもらいたい．また，用語とやや読みづらい言葉には読み方(ふりがな)を付けている．これも類書にはあまりみられないところであるが，言葉は口に出せてこそ使えるという考え

方による．

　演習問題もできるだけ増やしている．順に解いていくことで，深い理解に達するような問題を用意しているので，ぜひ解いていってほしい．

　また，学習の仕方も含めている．この本を教科書として使う場合，この項を読み，学習(教員の方は指導)のポイントをつかんでもらえればよい．

　CD-ROM の方はできるだけ有用なものとしようといろいろ書き込んだが，結果的に刊行の締め切りまでになかなか完成版に至らないという苦しいことになった．今回，締め切りにあわせて，一応の区切りとした．もっと説明を加えたいと思う事項が少し残ってしまった．これらの事項については，Web サイトで新しい情報を提供するので，利用されたい．また，刷を改める機会ごとに，最新の情報へとアップデートした CD-ROM にしたいと考えている．そういう意味で，今後とも鮮度を失わない成長をつづける本を目指している．

　この CD-ROM 付きの教科書という新しい試みが，効果的であることを願っている．使用されての感想やご意見をメールなどで遠慮なくお聞かせ下されば幸いである．

　まずは，CD-ROM の C00 章から見ていただきたい．

都 倉 信 樹

追記

　第 14 刷(2021 年 10 月発行)より，CD-ROM の内容をアップデートし，付録 CD-ROM ではなく，岩波書店のウェブページ(http://iwnm.jp/005383)からデータをダウンロードしていただく形に改めた．

　初刷から 20 年という年月を経たが基本的な事項は変わりない．今後とも鮮度を失わない成長をつづける本を目指している．活用していただき，今後の情報社会を生き抜く基本的な力を磨いていただけると幸いである．

　2021 年 9 月

都 倉 信 樹

目次

はじめに

1 コンピュータとは何か

1-1 コンピュータで何ができるのか ･･････ 1
1-2 コンピュータの構成 ･･････････ 4
　　まとめ ･･･････････････ 5
　　演習問題 ･･･････････････ 6
　　coffee break　むずかしい用語？ ･･････ 7

2 コンピュータシステムの構成

2-1 コンピュータシステムの構成 ･････････ 9
2-2 CPUの働き ･････････････ 10
2-3 主記憶の機能 ････････････ 12
2-4 RAMとROM ････････････ 14
2-5 補助記憶装置 ････････････ 16

- 2-6 入力装置 ・・・・・・・・・・・・・・・・ 20
- 2-7 出力装置 ・・・・・・・・・・・・・・・・ 24
- 2-8 通信装置 ・・・・・・・・・・・・・・・・ 26
  - まとめ ・・・・・・・・・・・・・・・・ 26
  - 演習問題 ・・・・・・・・・・・・・・・ 27

3 データの表現

- 3-1 位取り記数法 ・・・・・・・・・・・・・・ 29
- 3-2 2進表現と10進表現の相互変換 ・・・・・・ 31
- 3-3 記号の表現 ・・・・・・・・・・・・・・・ 34
- 3-4 誤りの対策 ・・・・・・・・・・・・・・・ 36
- 3-5 アナログデータの扱い ・・・・・・・・・・ 37
- 3-6 コンピュータ内部の表現形式 ・・・・・・・ 38
  - まとめ ・・・・・・・・・・・・・・・・ 43
  - 演習問題 ・・・・・・・・・・・・・・・ 44

4 基本的な回路

- 4-1 コンピュータの回路 ・・・・・・・・・・・ 47
- 4-2 2値関数 ・・・・・・・・・・・・・・・・ 51
- 4-3 ゲートによる関数の実現 ・・・・・・・・・ 58
- 4-4 回路の解析と構成 ・・・・・・・・・・・・ 60
  - まとめ ・・・・・・・・・・・・・・・・ 66
  - 演習問題 ・・・・・・・・・・・・・・・ 66

5 データの加工

- 5-1 算術演算 ・・・・・・・・・・・・・・・・ 69
- 5-2 論理演算 ・・・・・・・・・・・・・・・・ 74

5-3　算術論理演算部 ・・・・・・・・・・・・・・ 75
　5-4　シフトとスワップ ・・・・・・・・・・・・・ 78
　　　　まとめ ・・・・・・・・・・・・・・・・・・ 80
　　　　演習問題 ・・・・・・・・・・・・・・・・・ 80

6　順序回路

　6-1　順序機械と状態遷移図 ・・・・・・・・・・・ 83
　6-2　順序回路とフリップフロップ ・・・・・・・・ 85
　6-3　カウンタ ・・・・・・・・・・・・・・・・・ 89
　6-4　順序回路の設計 ・・・・・・・・・・・・・・ 92
　　　　まとめ ・・・・・・・・・・・・・・・・・・ 95
　　　　演習問題 ・・・・・・・・・・・・・・・・・ 95

7　コンピュータへの命令

　7-1　PDP-11 の構成 ・・・・・・・・・・・・・・・ 99
　7-2　命令セット ・・・・・・・・・・・・・・・・ 101
　7-3　実行制御にかかわる命令 ・・・・・・・・・・ 120
　　　　まとめ ・・・・・・・・・・・・・・・・・・ 125
　　　　演習問題 ・・・・・・・・・・・・・・・・・ 126

8　中央処理装置

　8-1　中央処理装置の内部構造 ・・・・・・・・・・ 129
　8-2　命令とその実行 ・・・・・・・・・・・・・・ 135
　8-3　制御部のはたらき ・・・・・・・・・・・・・ 139
　　　　まとめ ・・・・・・・・・・・・・・・・・・ 142
　　　　演習問題 ・・・・・・・・・・・・・・・・・ 143
　　　　coffee break　　マイクロプログラム ・・・・・・ 144

9 オペレーティングシステム

9-1 オペレーティングシステムの位置づけ ・・・・・・・145
9-2 OSのサービス ・・・・・・・・・・・・・・・・147
9-3 使用形態 ・・・・・・・・・・・・・・・・・・・152
9-4 その他の機能 ・・・・・・・・・・・・・・・・・159
　　まとめ ・・・・・・・・・・・・・・・・・・・161
　　演習問題 ・・・・・・・・・・・・・・・・・・162

10 コンピュータとソフトウェア

10-1 データ処理の流れ ・・・・・・・・・・・・・・163
10-2 いろいろなプログラム ・・・・・・・・・・・・166
10-3 プログラムの実行 ・・・・・・・・・・・・・・167
10-4 プログラムの作成 ・・・・・・・・・・・・・・170
　　まとめ ・・・・・・・・・・・・・・・・・・・173
　　演習問題 ・・・・・・・・・・・・・・・・・・174

11 コンピュータと通信

11-1 通信とは ・・・・・・・・・・・・・・・・・・175
11-2 通信の実際 ・・・・・・・・・・・・・・・・・178
11-3 データ通信 ・・・・・・・・・・・・・・・・・179
　　まとめ ・・・・・・・・・・・・・・・・・・・186
　　演習問題 ・・・・・・・・・・・・・・・・・・186

12 ネットワーク

12-1 インターネット ・・・・・・・・・・・・・・・187
12-2 IPアドレス ・・・・・・・・・・・・・・・・・189

12-3　プロトコル階層・・・・・・・・・・・・194
12-4　電子メール・・・・・・・・・・・・・・196
12-5　その他の代表的アプリケーション・・・・・・・203
　　　ま と め・・・・・・・・・・・・・・・205
　　　演習問題・・・・・・・・・・・・・・・206

13　コンピュータのこれから

13-1　コンピュータはどこまでできるか・・・・・・・207
13-2　コンピュータと社会・・・・・・・・・214
　　　ま と め・・・・・・・・・・・・・・・219
　　　演習問題・・・・・・・・・・・・・・・220

さらに勉強するために・・・・・・・・・・・223
索　　引・・・・・・・・・・・・・・・・229

1 コンピュータとは何か

コンピュータとは何か，何ができるのか，まずコンピュータの大まかな構成について見てみよう．

1-1 コンピュータで何ができるのか

　学校でも会社でも，そして家庭でも**パーソナルコンピュータ**†(personal computer, パソコン)をよく見かけるようになった．それもデスクトップ型(卓上型)，ノート型など種々の形のものが出てきている．年々性能は向上しており，ほんの10年前の大型コンピュータ以上の性能のものが，パソコン†としてあたりまえに使われている．

　そのようなパソコンでどのようなことができるのかを簡単に見てみよう．

　パソコンの用途として，多くの人がまず思い浮かべるのが**ワードプロセッサ**(word processor, ワープロ†)としての使用であろう．パソコン上でワープロソフト(ワープロ用ソフトウェア)を動かすことでワードプロセッサの機能を果たす．ワードプロセッサと名付けられた専用製品も存在した．これはパソコン本体にはついていないプリンタなどもひとまとめにして，ワードプロセッサの機能のみをもつように作られたものであった．実は内部にはコンピュータが入

2 — 1 コンピュータとは何か

っているのだが，外から見るとワープロの機能に特化している，単機能の製品である．

パソコンは，ワープロソフトのかわりにゲームソフトを動かせばゲームを楽しめる．また，表計算ソフトで実験データを整理したり，会計処理をしたり，その結果をグラフで見やすく示すこともできる．ディジタルカメラ[†]で撮影した写真を加工し，美しく印刷することもできるようになった．CDで音楽を楽しんだり，自分好みのCDを作ったり，DVDにビデオ情報を記録することもできる．パソコンを使ってのマルチメディアシステムが身近なものとなってきた．

これらの使い方をするには，それぞれの仕事をするソフトウェアを用意しなければならない．コンピュータ本体をハードウェアというが，それだけ手元にあっても使えなくて，いろいろのソフトウェアがあって初めてその役を果たす．いろいろのソフトウェアをどう上手く選択して活用するかが大事になる．

もちろん，そういう出来あいのソフトウェアを使うだけでなく，自分でプログラムを組んでコンピュータを動かせるのもパソコンの大きな魅力である．その場合でも，第10章で述べるように，エディタ，コンパイラなど，プログラムを作る道具としてのソフトウェアが必要となる．

今後ますます重要性を増すのはコンピュータのネットワーク[†]，とりわけ，**インターネット**[†]（The Internet）である．家庭のパソコンをインターネットに接続して，メールを送ったり世界中のホームページを見たりできる．このメールサービスを使い始めたとき，コンピュータの役割や社会のしくみに大きな変化をもたらすのではないかという，一種の感慨（かんがい）におそわれたことを思い出す．実際，その普及はめざましく，携帯電話でもメールのやり取りができるようになり，通信の世界は一挙に様子が変わった．通信，ネットワークに関しては本書第11章以降で詳しく見ることにする．

ネットワーク機能をもつことで，それまで単独に存在していたコンピュータは，他のコンピュータと結ばれ，通信できるようになった．時間と距離の制約を越えて，大量の情報を直接やりとりするようになったのである．

携帯電話[†]は実に多彩な機能を70g程度の軽い小さい容器に詰め込んでいる．それを実現しているのは，小さいコンピュータである．こういうごくごく

小さいコンピュータを**マイクロコンピュータ**†という．VLSI(超大規模集積回路)技術で，1 cm角にも満たない小さいチップ上にコンピュータの機能を作りつけたものである．高性能だが低価格の電子部品であり，多くの製品に内蔵されて機能の向上に使われている．実はパソコン，ワークステーションというものもその心臓部には高性能の**マイクロプロセッサ**†が使われている．

逆に，非常に大規模なコンピュータもある．**スーパーコンピュータ**†と呼ばれるもので，もっぱら科学技術計算を超高速で行なうものである．気象庁では，スーパーコンピュータを使って，多数の観測地点から送信されてくる気象データをもとに，気象モデルに基づいて，膨大な計算をして，予報をまとめ発表している．また，銀行など毎日膨大な取引を行っている企業では，**メインフレーム**†と呼ばれる汎用大型コンピュータが使われる．スーパーコンピュータやメインフレームの値段は，日常的なものでないのでピンとこないが，数十億円などというものがある．

飛行機といってもジャンボ機からセスナ機まで幅があるのと同じで，コンピュータといっても値段だけで数百円から数十億円というような大きな幅がある．飛行機に共通の特性は何かと問われれば，辞書で「飛行機」†をひくまでもなく答えられるであろう．では，「コンピュータ」に共通の特性はなんだろうか．これに答えるのはそう簡単ではない．英語の辞書Websterでは，computerを

 a programmable electronic device that can store, retrieve and process data.

と説明している．「データを記録し，(記録したデータを)取り出し，処理できるプログラム可能な電子機器」という説明である．

この説明では，「電子機器」と言い切っているところが従前の辞書に比べ新しい感じを与えた．というのは，もともとは機械式のコンピュータ†のアイデアもあったのである．19世紀のイギリスの数学者バベッジ(C. Babbege, 1792-1871年)は，今日のコンピュータに近いアイデアのものを機械部品を組み立てることによって作ろうと試みたが，時代の技術がそれに追いつかず，成功することはなかった．また最初の電子式コンピュータとして知られる**ENIAC**†(1946年)は，真空管†を用いていた．今日このようにコンピュータが発展・普

及したのは，IC(集積回路)の進歩によるところがきわめて大きい．コンピュータは非常にすそ野の広い高度技術に支えられているのだが，中心はIC，すなわち，電子機器である(→コンピュータの簡単な歴史†)．

ところで，上の説明の中で，「プログラム可能」という点が重要である．先に例を挙げたように，同じコンピュータでも，その上でどのようなプログラムを動かすかによって働きが一変する．ここで，プログラム†(program)とはコンピュータに対する動作の指示書と考えればよい．異なるプログラムは異なる指示を与え，コンピュータはそれに応じて違う動作をする．プログラム可能というのは，しかるべきプログラムを作ってやれば，目的を果たす能力をもつということである．いいかえると，プログラム次第で何でもできる汎用性のある機器である．では，プログラムに従って何が出来るかというと，その基本はデータを記録し，あるいは，それを取り出し，処理(加工)するということである．

なお，JIS†(日本工業規格)の用語集には表1.1のように説明してある．「計算機＝コンピュータ」であり，「計算機≠計算器」であると説明していることに注意してほしい．

表1.1 用語の定義 計算機，コンピュータ，計算器

計算機 コンピュータ	稼働中，操作員が介入することなく，多くの算術演算や論理演算を含む膨大な計算を行なうことのできるデータ処理装置．通常これは，演算装置，制御装置，記憶装置，入力装置，出力装置の5要素からなる
計算器	算術演算にとくに適し，人手の介入を少なからず必要とする小型のデータ処理装置

1-2 コンピュータの構成

上に述べた機能を果たすために，コンピュータは図1.1のように構成されている．**主記憶装置**†と**補助記憶装置**†がデータの記録に使われ，**中央処理装置**†(CPU, central processing unit)がデータの処理を担当する．また，コンピュータに(外部から)データを与えるための**入力装置**†や，逆にコンピュータからデ

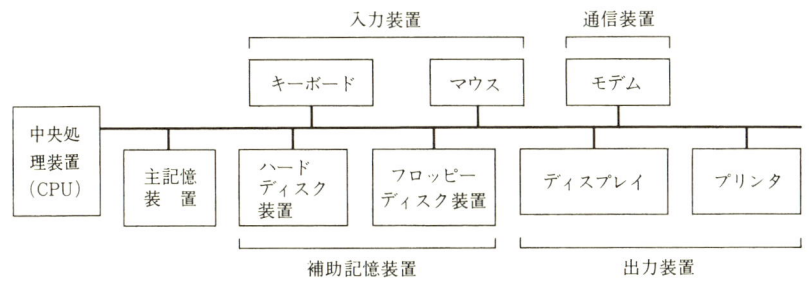

図1.1 コンピュータシステムの構成

ータを取り出すための**出力装置**†がある.また,ネットワーク時代には,他のコンピュータと接続するための通信装置†も重要になってきた.これらの装置はCPUに接続されて1つのコンピュータシステムを作る.

これで,データを記録し,取り出し,処理できるという機能を担う.プログラム可能というのは,プログラムを主記憶装置に入れて,それを実行することで達成する.これらの構成要素とその働きはそれぞれ後の章で述べる.

なお,先に述べた**マイクロコンピュータ**†というのは,CPUと主記憶を1つのICチップとして作ったものを指し,主にCPU部分だけをICチップに作ったものを**マイクロプロセッサ**†と呼んでいる.

まとめ

1 いろいろのコンピュータがあるが,共通して言えるのは,「プログラム可能なデータ処理機器」という特性である.
2 与えられたプログラムにしたがってコンピュータは動作する.
3 コンピュータ=計算機≠計算器.
4 コンピュータの構成要素として,中央処理装置,主記憶装置,補助記憶装置,入力装置,出力装置,通信装置などがある.

演習問題

1.1 次のものは，コンピュータか，計算器か，あるいは，いずれでもないか，分類してみよ．
　　(1)ロボット　(2)コンピュータおばあさん　(3)ダイエットコンピュータ
　　(4)そろばん　(5)電卓　(6)パソコン　(7)ゲーム機　(8)携帯電話　(9)人間
　　(10)computerphobia　(11)computer network

1.2 今から40年ほど前，ちょうど電化製品がどっと家庭に入り込み始めていた頃，電気工学の教授が「諸君の家には，いくつモーターがあるか数えてみなさい．それは電化の程度を表している」と言われた．今なら，「マイクロプロセッサの数を数えてみなさい」ということになろうか．ちなみに，CDプレーヤにも小さいモーターが3個，マイクロコンピュータが1個以上使われている．自分の身の回りにどの程度，マイクロコンピュータやモーターがあるか数え上げてみよう．マイクロコンピュータを内蔵しているということを前面に述べている製品とそうでないものがあるが，タイマー機能の付いているものはだいたいマイコン内蔵とみてよい．

1.3 コンピュータを使った機器が多数あることは気づかれているであろう．できるだけ多数あげてみよ．そのうち，自宅にあるものはいくつあるか数えてみよ．

1.4 前問で集めた例では，コンピュータのもつ次のような機能・特性のうち，どの点が利用されているのだろうか．
　　a. 高速に計算できる
　　b. 大量のデータを記録できる
　　c. 通信回線を介して他のコンピュータや端末装置と情報のやりとりができる
　　d. 自動的に動作し，人手の介入を必要としない
　　e. 画像や音声をあつかうことができる
　　f. プログラムを変更することで種々の機能を果たせる

---
coffee break

むずかしい用語？

　コンピュータの勉強を始めると，これまで聞いたことのないような用語が次々と出てくるので，実際以上にこの方面の勉強がむずかしいと思われがちである．物理，化学，生物なら，小学校以来聞いてきた用語も多いから抵抗が少ないのだろう．

　コンピュータ関連の用語でよく聞く苦情は，略語とカタカナ用語がやたらと多いということである．成長期の分野でもあるから，これはある程度やむをえないだろう．ただし，特定の製品に関連するものとか，一時使われてすぐすたれてしまうものも結構ある．したがって最新のことを追いかけ回すより，基本的な重要な概念をしっかり学ぶことが第一と思われる．

　ただ，きちんと定義されていてすぐ理解できる概念と，概念自体があいまいで，経験的にイメージが固まっていくものがある．「コンピュータ」という言葉も後者の部類であろう．そういう種類の用語はあせっても仕方なく，こつこつと体験し，考えをめぐらせて，自分のイメージを構築していくのがよい．

　用語を覚えるのに，英語と同時に覚えると効果があることを申し添えておこう．そのため，重要な用語には英語を併記してある．なお，本書は本文以外に詳細な情報を CD-ROM で提供している．本文中マーク†のついているものは，CD-ROM の方に説明があるので，参照いただき，活用されることを期待している（→専門用語†，術語を身につけるために†，言葉を理解する早道†）．
---

2 コンピュータシステムの構成

第 1 章でコンピュータシステムの構成を簡単に述べた．ここではそれらの構成要素の機能について，より詳しく見ていこう．

2-1 コンピュータシステムの構成

コンピュータの一般的な構成の概念図を図 2.1 に示す．CPU[†]はコンピュータの中央処理装置であり，MM と略記しているのは主記憶(装置)[†](main memory)である．CPU からは**バス**[†](bus)と呼ばれる共通の通信線が出ている．D_2 から D_n は各種の装置である．IF_1 から IF_n は**インタフェース回路**[†](interface circuit)で，装置をバスに接続するためのものである．たとえば，D_2 をキーボードとすれば，IF_2 はキーボードインタフェース回路である．

バスは CPU とこれらの装置とのデータのやり取りの通路である．バスには複数の電気信号を伝える導線が用いられる．ここにはデータのやり取りを制御する信号も送受される．バスを通して同時に送受できるデータ用の線数を**データ幅**[†](data width)という．

第 1 章の JIS 用語にもあったように，コンピュータの構成要素としては，CPU，主記憶，補助記憶などの記憶装置，入力装置，出力装置，制御装置[†]をあ

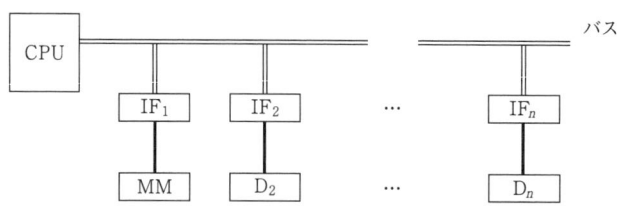

図 2.1　コンピュータシステムの一般的な構成

げるのが昔からの慣習になっている．初期のコンピュータでは制御装置は 1 つの大きな箱の中にあり，他と独立しているというイメージがはっきりしていた．しかし，図 2.1 には制御装置というのは見えない．

　最近はすべての装置にそれぞれ独自の制御部が備わっている形になってきた．初期のコンピュータの場合，制御装置はコンピュータ各部の状態を見ながら各部に指示を与えて動作を進行させていた．しかし，どの装置もそれぞれかなり高度な機能を発揮するようになり，中央集権的な制御では対応できなくなり，マイクロプロセッサのコストが低下したので，それぞれの機器の中に制御部を設けて，CPU 側の制御部の負担を減らすという分散制御型のシステムが合理的になってきた．

2-2　CPU の働き

　中央処理装置 CPU はコンピュータの中心的存在で，主記憶装置にあるプログラムの指示に従いつつ，データを加工していく．その具体的な内部構造については，第 8 章で説明することになるが，ここではその働きを見ておこう．

　動作の指示書であるプログラムは，図 1.1, 図 2.1 のどこに位置するのであろうか．実は，CPU 内部にも**レジスタ**†(register) と呼ばれる記憶装置がいくつかあるが，その記憶容量はごく小さく，わずかのデータしか保持できない．そこでプログラムはデータと同様に主記憶上に置く方式が採られている．これを**プログラム内蔵方式**† という．

　Q 2.1　なぜプログラム内蔵というのだろうか．

2-2 CPUの働き

プログラムは(機械語)命令†から構成される．CPUは命令を1つ読み取ってはその指示通りに実行する．ここでいう(機械語)命令の実態はあとで見るが，コンピュータのすごい能力からは意外と思われるほど単純な機能を果たすものが命令として用意されている．

CPUは，以下の4ステップを，電源の入っているかぎり繰り返すように作られた機械である．

[1] 命令を主記憶から読み出す(命令取り出し†，instruction fetch)
[2] 命令がどういうものか調べる(命令解読†，instruction decode)
[3] その命令を実行する(命令実行†，execute)
[4] 割り込みの有無を調べ，あれば受け付ける(割り込みチェック†，interrupt check)

[4]の**割り込み**†というのは，CPUに対してCPU外部から種々の連絡をする手段として重要である(部分的にCPU内部からの原因もある)．少し詳しく説明しよう．

図2.1のようにCPUには多くの装置が接続されているが，これらはそれぞれ独立しており，全体として連絡をとりあいながら自分に与えられた仕事をする．CPUはその名の通り中心になって，各装置にやってほしい仕事を指示し，装置からの報告を待っている．

たとえば，キーボードのキーの1つが押されると，キーボードのインタフェース部はキーボード入力があったという意味の割り込みをCPUにかける．CPUにはこのような連絡が各装置からたびたび入る．CPUは今どういう割り込みが来ているか調べ，最も緊急に処理すべきものを選ぶ．そして，今やっている作業を継続するために必要な情報を，主記憶の所定の場所に退避させ，現在やっている作業を中断し，それから処理プログラムの最初の命令を取り出す準備をしてステップ[1]へいく．こうして割り込み処理が始まる．割り込み処理もプログラムとして主記憶に置かれている．その命令を順に読み出して実行することは普通のプログラムと同じである．割り込み処理が終われば退避させておいた情報を復元して続きの処理を再開する．

オペレーティングシステム†は，この割り込み機能をフルに使ってその役割

を果たしている．ユーザには見えないところであるが，これなくしてはオペレーティングシステムは機能を発揮し得ないほど重要な機能である．

2-3 主記憶の機能

主記憶は，CPU と一体になって機能する．CPU にはごくわずかの記憶能力しかないので，データやプログラムは主記憶に格納する．このため主記憶には，CPU の速度に見合った高速性が要求される．

以下の説明では，各装置の外から見た特性を図 2.2 のような箱の形にまとめて記述する（→図 2.2 の書き方†）．一番上が装置の名前で，次にその装置の大きさなどを表す数値が書かれている．ここでは，語長† w と語数† m が指定されている．

```
┌─────────────────┐
│ 主記憶装置 M     │
├─────────────────┤
│ 語長 w　語数 m  │
├─────────────────┤
│ read            │
│ write           │
└─────────────────┘
```

read ： M×番地→語×{ok, no}
write： M×番地×語→M×{ok, no}

図 2.2　主記憶

主記憶は多数のメモリセル†（単位記憶）から構成されている．各メモリセルは 0 か 1 のいずれかの状態を取る．このことを 1 ビット†(bit, 後述する）の容量を持つという．主記憶への書き込みや読み出しは，メモリセルをある個数まとめた単位で行なう．これを語†(word) と呼び，ここではそれが w 個のメモリセルからなることになる．そして，主記憶の中にそのような語が m 個含まれているわけである．したがって，全体では $w \times m$ ビットの情報を記憶できることになる．64 メガビット DRAM という IC メモリなら，$w=1$ として $(w, m)=(1, 64 \times 2^{20}) = (1, 67108864)$ ということになる（2^{20} をメガと呼ぶことについては後述する）．つまり，1 ビットを記憶するメモリセルが，小さい IC の中に 67108864 個作り込まれているということである．

図 2.2 のその次の箱には，read と write と記入してあるが，これはこの装置

に対してこの2つの要求を出せるということを意味する．read は主記憶装置 M にある情報を読み出す操作，write は M に情報を記憶させる操作である．

　箱の右側に各操作の関係する情報を記している．ここで，**番地**[†](address)というのは，記憶装置内のそれぞれの語に0から $m-1$ の続き番号をふったものである．0番地の語は最初の語を指すし，1番地の語はその次の語を指す．

　　read：　M×番地→語×{ok, no}

と書かれているのは，主記憶 M と番地が与えられると，語と ok か no の応答が得られるという意味である．（この式の書き方についても，図2.2の書き方[†]で説明している．）たとえば，M に対して a 番地を read したいと伝えると，主記憶は $0 \leq a < m$ かどうかをチェックする．a が範囲外にあれば，正しい番地でないので，読み出しはできない．そこで，no を答える．a が正しい範囲内にあれば，M の a 番地の語を読み出してきて，正しく読めたという応答 ok とともに，それを教えてくれる．

　write の場合には番地と記憶すべき語をともに与える．たとえば，M に番地 a，語 d を添えて，write してほしいと依頼すると，まず a が範囲内かどうかの判定をして，範囲外なら no という応答が返り，M の内容は変化しない．a が範囲内なら M の a 番地を d に書き換えて，書き換えが終われば，正しく書けたという応答 ok が返って戻ってくる．なお，d への書き換えは，M の現在の内容が何であっても，遂行され，M の a 番地は確実に d に換えられ，指定した番地以外はまったく変化しない．

　この機能を人間がまねるとすれば，0から $m-1$ までと番号を付けた棚を作る．そして，そこに紙片を1枚ずつ入れておく．a という番号の棚にある紙片に書かれている内容が a 番地の内容ということになる．read(a) と要求されたら，番号 a の棚があるかどうかまずチェックし，その棚がないなら no と返事をする．棚があれば，その棚の紙片に書かれている語を読み出して答え，ok と返事する．write(a, d) と要求されたら，a 番地に d を書き込めという指令なので，a の棚を探す．なければなにもせず no を答える．a の棚があれば，そこにある紙片の内容を消して，新たに d を書き込む．そして，その操作が終われば ok と返事する．

これができれば，図2.2の外部から見た働きを果たしているので，主記憶装置といってもよい．同様に，主記憶装置は別にICメモリでなくても，ここで述べたような機能を持てばその役を果たせる．しかし，これは論理的な機能だけに着目した場合の話である(→主記憶の特性†)．

実際の主記憶の条件はまだある．CPUからの要求に応じなければならないので，上記の操作をきわめて高速にできなければならない．人間がいちいち棚を見ているようでは話にならない．現在は半導体集積回路メモリ(ICメモリ)が主として用いられる．読み出し，あるいは書き込みという操作をたとえば，100 ns(ナノ秒)，すなわち，100×10^{-9} 秒というような高速で行なえる．CPUの速度は年々速くなっており，対応する主記憶も高速化が望まれる．一般に，高速で動作するメモリは高い値段が付けられている．

ビットとバイト

記憶装置は，0か1の状態を取りうる素子を多数もっている．また磁気的な記憶装置は，磁性体の磁化の向きで0か1かを記録する．この0と1の組合せでどれくらいの情報が記憶できるかを表現するのに，**ビット**†(bit)という単位を用いる．0か1のいずれかの状態を取ることができる1つの素子は，1ビットの記憶容量があるという．

ここで，コンピュータの世界でのキロ(K)，メガ(M)，ギガ(G)，テラ(T)は，国際単位系の接頭語†の $10^3, 10^6, 10^9, 10^{12}$ ではないことに注意してほしい．値はそれに近いが，それぞれ $2^{10}, 2^{20}, 2^{30}, 2^{40}$ を意味する．したがって，4メガビットDRAMといえば，4×2^{20} ビット＝4194304ビットの記憶容量があるということである．

バイト†(byte)という単位は，1バイト＝8ビットと考えればよい．ビットはb，バイトはBで表記する．なお，ビットは記憶容量の単位として説明したが，情報量の単位としても用いられる．

2-4 RAMとROM

主記憶として使われる記憶素子(ICメモリ)は一様ではない．読者もRAM，

ROMといったことばを見たり聞いたりしたことがあると思われる．それらと主記憶との関わりについて少し見ておこう．

RAM

主記憶として使われるのは，おもに**DRAM**†といわれるICメモリである．新聞などでよく報道されるのは，このDRAMの値段が変動することである．そして，新聞では，DRAMとして括弧の中に「記憶保持動作の必要な随時読み出し書き込み記憶」と説明が付けられている．Dはdynamicの略で，**RAM** (random access memory)が「随時読み出し書き込み記憶」に相当する．テープ装置やディスク装置などの記憶装置だと，テープを送ったり，回転を待ったりしなければならず，任意の番地にいつでも同じ時間でアクセスできるわけではない．それに対して，ICメモリであるRAMはどの番地にも同じ時間でアクセスできる．それを「随時読み出し書き込み」と表現している．

DRAMに対して，**SRAM**†(static RAM)といって，記憶保持動作の必要がないメモリもある．その違いを簡単に説明しておく．まず，DRAMは，小さなコンデンサ†が電荷をもつかもたないかを1と0に対応させて記憶している．コンデンサはわずかながら電荷が漏れていくという固有の性質があり，そのまま放置しておくと記憶が消えてしまう．だいたいどれくらいの時間で消えるかはわかっているので，消える前に一度内容を読み，再度書き込めば，ずっと記憶を保持できるであろう．われわれの記憶も日に日に消えていくが，適当な間隔で覚え直していけば，長く記憶できるのと同じである．DRAMは消えないうちに覚え直すためのリフレッシュ回路も内蔵している．

他方，SRAMは電源が供給される限り記憶を失うことのない回路方式(後出のフリップフロップなど)を用いており，リフレッシュ操作を必要としないのである．ただし，DRAMのほうが単位セルの大きさがSRAMのだいたい1/4ですむので，同じ面積ならそれだけ容量の大きいメモリが作れることになる．

ROM

ROM(read only memory)はその名のとおり，読み出し専用記憶であり，書き込むことはできない．読み出し専用という以外はどの番地のアクセス時間も一定であり，RAMの性質をもっている．たとえば，ディスプレイに表示する

文字のドットパターンを ROM に覚えさせておき，字の番号を与えて読み出してそのパターンをディスプレイに送る．このような用途では，ROM は製造時に内容を書き込み以後書き直しは一切できないものを使う．

最近では，オペレーティングシステムの起動の際に用いるイニシャルプログラムローダ†というローダプログラムや，起動時にハードウェアの故障がないかテストするテストプログラム†など，オペレーティングシステムの機能の一部を ROM に格納している．このように，主記憶といっても RAM だけを使うのでなく，部分的には ROM も用いる．つまり，主記憶の全空間を必ずしも一様に扱うのでなく，部分的に特定の意味に使用することがある．そのような使い分けを示す配置図をメモリマップ†という．一様でないメモリ空間の使い方の例としては，種々の装置とのインタフェース回路がバスと接続するところに，インタフェース用のレジスタという記憶装置を置いて，それらのレジスタ†に番地を与えることで，主記憶と同様にアクセスできるようにするとか，ROM を置いて電源投入時にその特定の番地から実行を開始するというようにする．

2-5 補助記憶装置

主記憶は高速だが高価でもあるため，大量のデータの記録は大容量の記憶装置である補助記憶装置†(二次記憶装置，secondary memory)を利用する．これには，磁気テープ，磁気ディスク(ハードディスク，フロッピーディスク†など)，**CD-RW**，**DVD**，光磁気ディスク†，マスストレージシステムなどがある．

最近は，ディスク装置がよく用いられる．中型のハードディスクを例として，その機能をみてみよう(図 2.3)．

ディスクではデータの書き込み・読み出しの単位が，語でなく**ブロック†**(block)となる．これは 512 バイトというように，かなり大きい単位である．ハードディスクは図 2.4 のように，数枚の円盤が 1 つの回転軸に取り付けられており，それぞれの面にヘッドが用意されている．ヘッド全体は 1 つの可動アームにとりつけられており，これを駆動装置が動かしてトラックを選択する，と

```
┌─────────────────────────┐
│     ハードディスク H      │
├─────────────────────────┤
│  セクタサイズ W           │
│  サーフェス数 S           │
│  トラック数/サーフェス T   │
│  セクタ数/トラック D       │
├─────────────────────────┤
│  write                  │
│  read                   │
└─────────────────────────┘
```

write： $H \times da \times ma \times bs \rightarrow H \times$ 応答(割り込み)
read： $H \times da \times ma \times bs \rightarrow$ 応答(割り込み)

図 2.3　ハードディスク

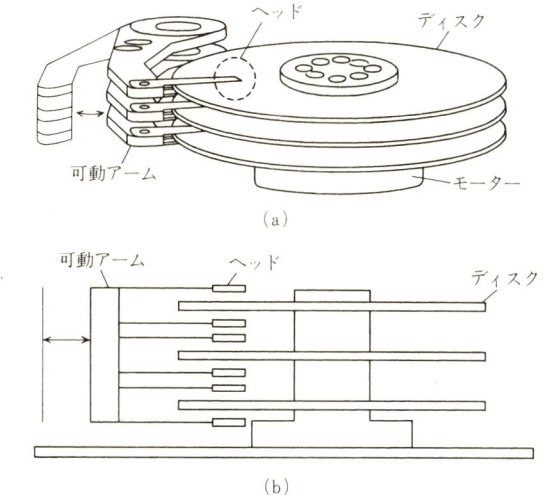

図 2.4　ハードディスクのしくみ

いう構造になっている．1つの面上には同心円状に，たとえば，100以上のトラックが作られる．また，丸いケーキを等分にするように，たとえば16個の扇形に分けて，これをセクタという (図 2.5)．1つのトラックの1つのセクタに1ブロックの情報と(制御用の情報)を記録する．それに対応して，ディスク上の記録場所(ディスクアドレス) da は，主記憶のように1次元の番地でなく，サーフェス(面)，トラック，セクタの組合せ (s, t, d) の形で指定する．たとえば，ディスクアドレスとして，$(0, 100, 14)$ を指定すると，第0面の第100トラックの

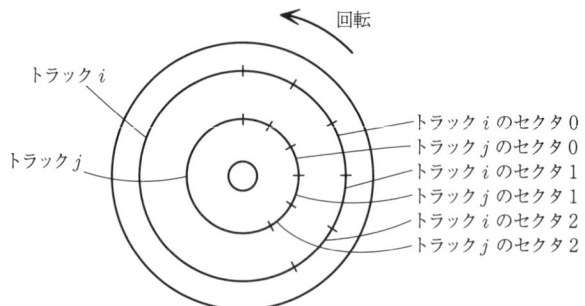

図 2.5 トラックとセクタ（前川守『オペレーティングシステム』岩波書店，293 頁，1988 年）

第 14 セクタを意味する．また，ma は主記憶上の番地，bs は読み出す（あるいは，書き込む）セクタ数である．

　write の場合はディスクに書き込むべき情報をあらかじめ主記憶の ma 番地に準備しておいて，ディスクに da, ma, bs を伝えると，ディスクのインタフェースは CPU の介在なく，自分で直接，主記憶からデータを読みとり，ディスクに書き込む．この主記憶からディスクへのデータの転送が正常に完了すると正常完了を CPU に知らせ，何らかの異常が発生すれば異常を CPU に知らせる（この通知には割り込みの機構を使う）．

　read は主記憶上に読み出したいセクタ bs 分の場所を用意し，その先頭番地 ma と読み出すべき da, bs を指示すると，インタフェースは CPU に関係なく直接，ディスクからデータを読み出し，主記憶に書き込む．すなわち，ディスクから主記憶へのデータの転送が行なわれる．ディスクからの転送が正常／異常終了したことを割り込みの機構を使って CPU に通知する．

　このように，CPU の助けを借りずに，周辺装置側から直接主記憶にデータ転送する方式を**直接メモリアクセス**†（direct memory access, DMA）方式という．

　ディスク側の動作について考える．読み書きの指令を受けたとき，ヘッドが今あるトラックの位置と違う位置を指定されて移動していくことを**シーク**(seek)**動作**†という．トラック位置が決まって，回転方向に配置されているセクタにアクセスするには，ヘッドがそのセクタのあるところまで回転するのを待たなければならない．したがって，ディスクの場合は，

アクセス時間 ＝ シーク時間＋回転待ち時間

ということになる．回転数†が 3600 rpm (rounds per minute, 1 分間に 3600 回転) と仮定すると，1 回転に 16 ms (ミリ秒) かかる．**回転待ち時間**は平均を考えて，半回転の時間 8 ms である．またシーク時間は 10 ms 程度が普通である．したがって，アクセス時間は平均 18 ms から最大 26 ms 程度となる．

もう 1 つ注意すべきは「応答」で，主記憶の場合より種類も増える．指定したセクタ番号が正しくない場合や，データを読み書きしたところエラーチェック†に引っかかった場合などに no という応答が返ってくる．このエラーチェックというのは，記録すべき情報以外に冗 長を付け加えて記録し，正しく記録されているか，あるいは読み出せたかを確認する方法である (3-4 節参照)．主記憶にもそういうチェックをつけることはあるが，信頼性が満足できるレベルであればそれは省略する．

図 2.3 に応答として「割り込み」とあるが，その意味を説明しよう．データの読み書きが終われば応答が返って来るのだが，指示を出して実際にその作業が終わるまでにはかなり時間がかかる．

  ディスクに対する指示をインタフェース回路が解釈し実行を始めるまでの時間
  ＋アクセス時間
  ＋実際のデータ転送時間
  ＋応答を出すためのインタフェース回路の計算時間

3 番目の実際のデータ転送時間はそう大きくなく，たとえば，10 メガビット/秒 (1 秒間に 10×2^{20} ビット) 程度なので，1 セクタの転送は 1 ms にも達しない．しかし，先に見たように，アクセス時間はかなりかかる．コンピュータは read，または write の指示を出してから，応答が返るまで遊ぶと大きな無駄になるので，指令を出してからは CPU は他の仕事に取りかかり，作業が終わったときディスクから CPU に割り込みをかけて応答を伝えるという方法を使う．その点が，即座に読み書きの終わる主記憶と違う点である．

記憶装置の階層

比較のためいくつかの記憶装置を表 2.1 にまとめた．レジスタは CPU 内の

表 2.1　記憶装置の比較

記憶装置の種類		アクセス時間	記憶容量	ビット当りコスト	揮発性	媒体交換
レジスタ	高速 IC メモリ	1-20 ns	小	大	揮発性	不可
キャッシュ	高速 IC メモリ	20-80 ns	↑	↑	揮発性	不可
RAM	IC メモリ	100-200 ns	↓	↓	揮発性	不可
ディスク	磁性膜	40-100 ms	↓	↓	不揮発性	可/不可
テープ	磁性膜	秒-分単位	大	小	不揮発性	可

記憶装置で，第 6 章で説明するフリップフロップなど，高速動作回路を使用している．主記憶には DRAM など大容量の IC メモリを用いる．キャッシュ[†]は，主記憶と CPU の速度差を吸収するため，主記憶と CPU の間に設けられる記憶装置である．高速の IC メモリでなければならないが，高価なので小容量のものを使う．CPU の内部にキャッシュを作ることも増えてきた(→記憶装置の階層[†])．

揮発性[†](きはつせい)というのは，電源の供給を断つと記録内容が失われることをいう．また**媒体交換可能性**[†](ばいたい)とは，記録媒体を装置から取り外して交換できることをいう．フロッピーディスクは媒体交換可能であるが，ハードディスクは箱の中にいわば密閉されていて交換できない．

容量[†]については，フロッピーディスク 1 枚の容量は，(2 HD で) 1 MB (メガバイト) 程度，ハードディスクは 1 装置で 20 GB 以上のものがパソコン，ワークステーションでも利用される．コンピュータシステムを考えるとき，速度，容量，価格などの異なる記憶装置をいかに組み合わせるかが 1 つの工夫のしどころである．

2-6　入力装置

コンピュータは外界からデータや指令を受け取って作業する．それらのデータや指令を受け取るための装置が入力装置[†]である．表 2.2 に主要なものをまとめる．

表2.2 入力装置と入力するデータの種類

入力装置	入力データ
キーボード	文字
バーコードリーダ	文字
マウス	x, y 方向の移動量
トラックボール	x, y 方向の移動量
タッチパネル	x, y 座標
ライトペン	x, y 座標
ディジタイザ	x, y 座標
カードリーダ	紙カード上のパンチ位置での穴の有無
マークシートリーダ	マークシート上のマーク位置のマークの有無
イメージスキャナ	濃淡画像
音声入力装置	音声信号
テレビ画像入力	テレビ画像
AD変換器	(各種センサなどからの)アナログデータ
音声認識装置	音声(特定話者,不特定話者)
画像認識装置	画像,物体
文字認識装置	文字(印刷文字,手書文字)

キーボード

　キーボードは手指を用いて入力する装置である(図2.6)．キーボードのキーには文字や記号が対応づけられている．その配列は英文タイプライタの流れを汲んだものがよく使われている．各キーは，電気的には押せば接点が閉じて電流が流れるスイッチである．人間がどのキーを押した(押している)かがCPUに伝わればいい．CPUの高速性に比べ，人間のキーボード操作はそれほど速くない．非常に調子よくキーインできた場合でも1秒間に10キーイン程度であろう．すると，1つの文字を表現するのに1バイトの情報を転送するとしても，80ビット/秒程度の非常に低速の情報転送量である．またしばしば中断があり，長時間キーインがないこともある．

　そこで入力があったときにCPUに割り込みをかけるという方法を用いる．つまり，あるキーを押すと，CPUへの窓口になっているレジスタ(キーボードデータレジスタ)に，そのキーを表現するコードが入り，CPUに割り込みをか

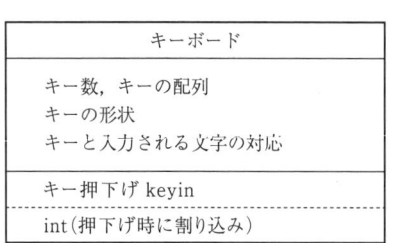

```
┌─────────────────────────────────┐
│            キーボード              │
├─────────────────────────────────┤
│   キー数，キーの配列                │
│   キーの形状                      │
│   キーと入力される文字の対応          │
├─────────────────────────────────┤
│   キー押下げ keyin                │
├ ─ ─ ─ ─ ─ ─ ─ ─ ─ ─ ─ ─ ─ ─ ─ ┤
│   int (押下げ時に割り込み)          │
└─────────────────────────────────┘
```
int：→ (押下げキーコード，割り込み)

図2.6 キーボード(点線より上は人間の操作，下はキーボードインタフェースの操作)

ける(図2.6ではintと表わしている). CPUが割り込みを受け付けてキーボードレジスタの内容を読み取る. これでキーボードでどのキーが押されたのかがCPUに伝わる. ただし，キーボードは単にスイッチが並んでいるだけである. スイッチは機械的なものなので，一種の振動が起こる. そこで，1回ごとのキーの押下げを区分するとか，複数のキーが同時に押されたときの処理が必要である.

最近はキーボードの中にも専用のマイクロプロセッサが内蔵されていて，キーボード側で細かい処理をしてから，割り込みをかけるという方法で，CPU側の負担を減らしている. 逆に人間側に立てば，できるだけ疲労の少ない快適なキーボードが求められ，種々の研究がされているが，ここは人間工学も関連してくるところである.

マウス

マウス(図2.7)は手のひらにすっぽり納まる装置である. マウスを机の上で動かすと，ディスプレイ画面上のマウスカーソル†という小さい印(矢印，│などいろいろの形がある)が対応して動く. これを画面上の適当な位置にもっていきボタンを押すと，その位置に対応したなんらかの処理が施される.

マウスはつねに動かしているかもしれないし，ボタンを押したまま動かす(ドラッグ操作)などという使い方もある. そこで，割り込み周期として指定された時間ごとにCPUに割り込みをかける. この周期は，たとえば8msから70msの範囲の値である. 周期が速いほどすぐ画面にマウスの新しい位置が反映されるが，そのつど割り込み処理にCPUが動くので，全体の仕事のできぐ

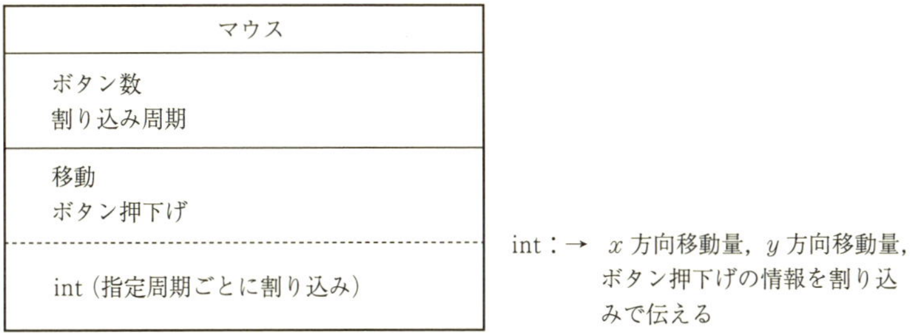

```
┌─────────────────────────────┐
│           マウス            │
├─────────────────────────────┤
│ ボタン数                    │
│ 割り込み周期                │
├─────────────────────────────┤
│ 移動                        │
│ ボタン押下げ                │
├ ─ ─ ─ ─ ─ ─ ─ ─ ─ ─ ─ ─ ─ ─┤
│ int (指定周期ごとに割り込み)│
└─────────────────────────────┘
```
int：→ x方向移動量，y方向移動量，ボタン押下げの情報を割り込みで伝える

図 2.7 マウス(点線より上は人間の操作，下はマウスインタフェースの操作)

あいという点では遅くなる可能性もある．

センサ

センサ†(sensor)は対象の物理的，化学的，あるいは生物的な情報を察知し，電気信号に変換する．必要により，AD変換器†(信号をアナログからディジタルに変換する)と合わせて情報入力機器として機能するものである．表2.2であげた入力装置も細かく見ればセンサを利用して種々の情報を得ている．たとえば，試験などで使うマークシートを読みとるマークシートリーダは，マークの有無を反射光の微妙な違いを検出する事で読み取っている．他の装置にはどのようなセンサが使われているか調べてみるとよい．

なお，センサというのも範囲の広い概念で，単なるスイッチのような簡単なものから，内部にコンピュータを内蔵して高度な処理を行なうシステムまである．温度，圧力，加速度，張力，湿度，結露(けつろ)，ガス，磁気，赤外線，超音波など，いろいろなセンサが使われる．電子オーブンレンジは多種多様なセンサを使っている身近な製品である．

新しいセンサが開発されれば，その物理量を測定したり化学物質の存在を検知したりできるので，それをもとに新しい応用が拓ける．人間の五感はきわめて優れていてこれに代わるセンサは必ずしもできていないという面もある一方，超音波や赤外線など，逆に人間の五感がおよばないセンサもある．センサはいろいろの機器に利用されている．たとえば，VTRには結露を検知するセンサをもつものがある．結露しているとテープがドラムに張り付いてしまうからで

ある.

2-7 出力装置

　出力装置†はデータの処理結果や処理状況などを人間にわかりやすい形で表示したり，印刷したり，音で知らせたりするものである．つまり外界へデータを送出するための装置である(表2.3)．

表2.3　出力装置と出力するデータの種類

出力装置	出力データ
ディスプレイ装置	文字，画像を画面に表示する 　CRT(陰極線管)，液晶，プラズマ，EL(電子発光)
プリンタ	文字(アルファニュメリック，漢字，ビットイメージ) 　インパクト式，感熱式，熱転写式，インクジェット式 　バブルジェット式，レーザビームプリンタ
プロッタ	線図
パンチャ	紙テープ，カードに孔を開ける
DA変換器	ディジタルからアナログ信号へ変換する
アクチュエータ	物理的な運動を引き起こす 　モーター，電磁石
音声出力装置	合成音声

　出力装置として，ディスプレイ装置とプリンタを簡単に説明しよう．

ディスプレイ装置

　テレビと同様の陰極線管(CRT)を用いたCRTディスプレイ†は高速な表示ができ，カラーである，明るくて見やすい，量産技術により比較的低価格であるという特徴がある．ただ，重量や消費電力は大きい．

　ポータブルのパソコンでは液晶パネルが用いられる．以前はCRTディスプレイに比べ劣っていたが，明るさや表示速度，価格いずれも急速に改善されつつある．

　CPUから見たディスプレイは図2.8のように単純なものである．単に文字だけを表示する表示装置なら，その文字を送ればいい．しかし最近は表示内容

```
┌─────────────────────┐
│    ディスプレイ      │
├─────────────────────┤
│  disp   (割り込み)  │
└─────────────────────┘
```
　　　　　　　　　　　　disp：文字列→応答(割り込み)

図 2.8　ディスプレイ

も高度になってきており，指定した位置に線分を描くとか，円弧（えんこ）を描くなどの指令を与えることもある．その場合，指定すべきデータも多数あるが，それは文字列という形で送られる．その指令を受け取って，ディスプレイ制御部は画面に対応するメモリ上に指定された表示をするように書き込んでいく．円弧を描くにもかなりの計算が必要で，指令を与えてからその処理を終わるまで時間がかかる．応答としては，CPU から与えられた指令を待っている場合と，まだ処理が終わっておらず，次の表示指令が受け付けられない状態になっている場合がある．

　なお，フレームバッファ†という言葉がある．これは画面の各点と 1 対 1 に対応づけられた記憶である．白黒ならその点を光らせるかどうかの 1 ビットでよいし，16 色なら各点当たり，4 ビットを使う．筆者がいま原稿を書くのに使っているノートパソコンで調べると，8 ビット(256 色)，16 ビット，24 ビットまで扱えるようになっている．このバッファは常時読み出され，表示装置がその内容に応じた表示をする．

プリンタ

　プリンタ†も非常に多彩になってきた．単に文字だけを印字できるものから，最近は任意の図形を印刷できるようになっているし，より美しい文字を印字できるようにアウトラインフォント†が使えるものがある．普通のドットフォント†という字体は，たとえば，24×24 の点の集まりとして字体を記憶するのに対し，アウトラインフォントは文字の輪郭（りんかく）の曲線情報を記憶しており，それに基づいて字を生成するので，拡大してもきれいな字が書けるのである．また，1 ページ分のイメージをプリンタの方で解釈して作成し，高速に印刷するページプリンタもよく使われる．

　プリンタの機能向上にともない，プリンタの制御も複雑になってきた(図 2.9

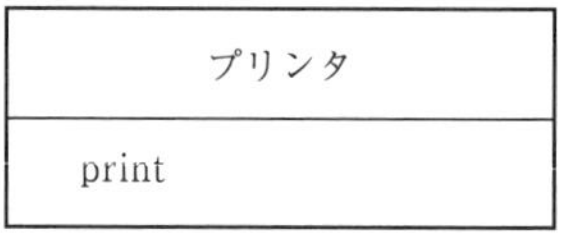

```
┌─────────────────┐
│     プリンタ      │
├─────────────────┤
│     print       │
└─────────────────┘
```
　　　　　　　　　　　　　print：文字列→印刷イメージ(割り込み)

図 2.9　プリンタ

では，複雑に見えないかもしれないが，文字列に多種多様なプリンタ制御コマンドをもち，プリンタ側でかなり複雑なデータ処理をして印刷するようになっている）．応答としては，データの受付可/不可，プリンタらしいものとしては用紙切れやインク切れなどを知らせたりする．

2-8　通信装置

　通信とコンピュータはともに情報を扱うにもかかわらず，以前は別個に発展をとげてきた．最近は通信のディジタル化がすすみ，ディジタル処理の部分にコンピュータを利用するようになった．一方，電話やテレビ放送などの通信だけでなく，データ通信網の発達で，コンピュータ間の通信もさかんになりつつある．コンピュータは独立して存在するのでなく，通信線で互いに接続されて使われるようになり，通信装置†も重要な要素となりつつある．

　通信機器の進歩も速い．これらについては，第 11, 12 章で扱う．

ま　と　め

1　コンピュータは CPU と主記憶装置，それに種々の周辺装置から構成されている．
2　バスは周辺装置と CPU，主記憶を結ぶ情報の通路である．
3　CPU は，次の 4 ステップを繰り返す．
　　命令取り出し，命令解読，命令実行，割り込みの受け付け．
4　主記憶は番地を指定してデータの書き込み・読み出しを行なう．
5　記憶装置として，SRAM, DRAM, ROM の違いを生かして使用される．

6 ディスクは大量のデータを記憶する装置である．ディスクを回転させ，ヘッドを動かしてトラックを選択し，データにアクセスする．
7 入出力装置，通信装置はそれぞれ多様なデータを扱う．
8 プログラム内蔵方式コンピュータはプログラムを主記憶に置き，命令を必要の都度，CPU が読み出して実行する．
9 割り込みは各種機器から CPU への連絡手段として重要な役目を果たす．

演習問題

2.1 フレームバッファ方式の表示装置で，画面の表示点(ドット)数を，縦 a，横 b とし，各点で表示できる色数を c とすれば，1画面の表示に何ビット必要という計算になるか．実際の例をいくつかあげるので，どれくらいの記憶容量が必要か計算してみよ．

(1) $(a, b, c) = (640, 480, 2)$ の場合
 これはモノクロの画面である．
(2) $(a, b, c) = (640, 480, 16)$
 これは 16 色の場合である．
(3) $(a, b, c) = (1024, 768, 256)$
(4) $(a, b, c) = (1280, 1024, 2^{24})$
(5) $(a, b, c) = (1600, 1200, 2^{32})$

2.2 銀行の ATM (現金自動預払機)で，画面の上を直接指で押えて指示を与える方式のものがあるが，これはどういう入力装置だろうか．考えてみよ．

2.3 いろいろの装置から割り込みがあると述べたが，次のような装置があればどういう用途に使えるだろうか．すなわち，正確に 1 ms 毎に割り込みをかけるだけの機能をもつ装置である．

3 データの表現

コンピュータはデータを処理する機械である．コンピュータ内部ではデータがどのように表現されているかをまず見よう．

3-1 位取り記数法

われわれは日常，位取り記数法を用いて数を表わしている．たとえば，123.45 という表現を見たとき，

$$123.45 = 1\times100+2\times10+3\times1+4\times0.1+5\times0.01$$

の意味であると解釈する．桁の重みが，左側の桁は10倍，右側は1/10であると考えているのである．そして，各桁では，0から9までの10通りの数字を用いる．これが10進表現であるが，2進表現でも，あるいは，一般にN進法でも考え方は同じで，表3.1のようになる（→位取り記数法†）．

ここで簡単な記号を導入する．10進表現eの表わす数を$e_{(10)}$，2進表現eの表わす数を$e_{(2)}$などと表わす．一般に，N進表現eの表わす数を$e_{(N)}$として，小さく何進法かを示すことで表わす．ただし，10進のときはわざわざ$_{(10)}$をつけないこともある．また，2進であることが明らかな場合にも$_{(2)}$をつけないこともある．こういうのをつける必要があるのは，10進法で表わされる数を2進

表 3.1 位取り記数法

	10 進表現	2 進表現	N 進表現
各桁で使える数字	0 から 9 (10 通り)	0 と 1 (2 通り)	0 から $N-1$ (N 通り)
小数点の左の重み	1	1	1
ある桁の左の桁の重み	10 倍	2 倍	N 倍
ある桁の右の桁の重み	1/10	1/2	$1/N$

表現に変換するときなど，混同をさけるためである（→基数の別の記法†）．

たとえば，

$$1101_{(10)} = 1\times1000 + 1\times100 + 0\times10 + 1\times1 = 1101_{(10)}$$

なぜ，こうなるのか．小数点の左の桁が重み1で，その左の桁は10倍の重みになるので10，また，その左の桁の重みはその10倍の100，そして，その左の桁の重みはその10倍の1000という重みをそれぞれもつからである．

$$1101_{(2)} = 1\times8 + 1\times4 + 0\times2 + 1\times1_{(10)} = 13_{(10)}$$

これも同じに考えて，小数点の左の桁は重み1で，その左は2倍の2，その左はその2倍の4，そして，その左の桁はその2倍の8というように，重み付けされる．同様に，3進表現の場合を考えよう．

$$1101_{(3)} = 1\times27 + 1\times9 + 0\times3 + 1\times1_{(10)} = 37_{(10)}$$

Q 3.1 以下の各表現の表わす数を示せ．
 (1) $1101_{(5)}$ (2) $1101_{(7)}$ (3) $1101_{(8)}$ (4) $1101_{(16)}$

逆に，ある数 a に対して，$a = x_{(10)} = y_{(2)} = z_{(N)}$ であるような x, y, z を a の 10 進表現，2 進表現，N 進表現と呼ぶわけである．数 a そのものと，その表現である数字の列とは別物であることに注意されたい．

Q 3.2 2進表現で，1から始めて $2, 3, 4, \cdots, 20$ を表わすものを順次書き上げてみよ．

Q 3.3 前問と同様に，3進表現，5進表現，7進表現，8進表現，16進表現について，1から20まで順に書き上げてみよ．

Q 3.4 $1, 2, 2^2 = 2\times2 = 4, 2^3 = 2\times2\times2 = 8$ であるが，$2^4, 2^5, 2^6, 2^7, 2^8, 2^9, 2^{10}, 2^{11}, 2^{12}, 2^{13}, 2^{14}, 2^{15}, 2^{16}$ の値を求めよ．

よく知られているように，コンピュータの内部では，基本的にデータは2進

表現で扱われている．

3-2 2進表現と10進表現の相互変換

10進表現 x が与えられたとき，$x_{(10)} = y_{(2)}$ なる2進表現 y を求めることを**10進2進変換**†(decimal to binary conversion)といい，2進表現 y が与えられて対応する10進表現 x を求めることを，**2進10進変換**†という．

10進2進変換

たとえば10進表現で $x=533$ として，その2進表現 y を求める．y を仮に jihgfedcba (それぞれの文字は 0 か 1) とすれば，

$$533_{(10)} = y_{(2)} = \text{jihgfedcba}_{(2)}$$
$$= a + b \times 2 + c \times 4 + d \times 8 + e \times 16 + f \times 32$$
$$+ g \times 64 + h \times 128 + i \times 256 + j \times 512_{(10)}$$

と表わせる．最後の式を見ると，第2項以下はすべて2の倍数であり，全体としては偶数である．したがって，533と等しくなるためには，a=1 でなければならない．

a=1 と決まれば，両辺から1を引いて2で割ると，次式が得られる．

$$266 = \text{jihgfedcb}_{(2)} = b + c \times 2 + d \times 4 + e \times 8 + f \times 16$$
$$+ g \times 32 + h \times 64 + i \times 128 + j \times 256_{(10)}$$

ここでbの値が確定する．このような過程を縦書きで計算する方法を以下に示す．

実際に記入する		(考え方)	
533	1	(奇数なので，1を書く．	532を2で割る)
266	0	(偶数なので，0．	266を2で割る)
133	1	(奇数なので，1．	132を2で割る)
66	0	(偶数なので，0．	66を2で割る)
33	1	(奇数なので，1．	32を2で割る)
16	0	(偶数なので，0．	16を2で割る)
8	0	(偶数なので，0．	8を2で割る)
4	0	(偶数なので，0．	4を2で割る)
2	0	(偶数なので，0．	2を2で割る)
1	1	(奇数なので，1．	)

このようにして，2進表現の桁が順次，下位から決まっていく．それを上位から書けば次の2進表現となる．

$$y = 1000010101$$

実際には，左の2列だけを書くことで計算できる．

Q 3.5 次の10進表現された数を2進表現に変換せよ．
 (1) 15 (2) 150 (3) 1550 (4) 15550 (5) 155550

2進10進変換

例で考えよう．2進表現100111101を10進表現に変換する．

$$100111101_{(2)} = 1\times 2^8 + 0\times 2^7 + 0\times 2^6 + 1\times 2^5 + 1\times 2^4$$
$$+ 1\times 2^3 + 1\times 2^2 + 0\times 2^1 + 1\times 2^0{}_{(10)}$$

である．2のベキの値を覚えていれば，これは

$$256+32+16+8+4+1 = 317$$

と計算できる．しかしここでは，上の式を次のように変形してみよう．ただし，見やすくするため，具体的な $1, 0$ のかわりに，abcdefghi と置き換えてある．

$$\mathrm{abcdefghi}_{(2)} = ((((((a\times 2+b)\times 2+c)\times 2+d)\times 2+e)\times 2+f)\times 2+g)$$
$$\times 2+h)\times 2+i_{(10)}$$

これは次のように計算すればよい．左端に与えられた2進表現を上から順に書き下す．また右の列には最初に0と書き，あとは右の上の数を2倍して，左の数をこれに加えて右欄に記入するということを繰り返せばよい．

	0	(はじめに0と書いて出発する)
1	1	(上の数を2倍して，左の数を加える)
0	2	(上の数を2倍して，左の数を加える．以下繰り返し)
0	4	
1	9	
1	19	
1	39	
1	79	
0	158	
1	317	(求める10進表現)

これが前出の計算法そのものであることを確認してほしい．

Q 3.6 2進10進変換をせよ．
(1) 111000111 (2) 110110110 (3) 11100111 (4) 1011011101111 (5) 1111011101101

16進表現

2進表現は，10進表現にくらべて桁数がたくさん必要であることがわかろう（→必要な桁数†）．

そこで実際には，2進表現を扱うかわりに，16進表現†を使うことで表現をコンパクトにすることがよくある．最初の表3.1で，Nを16とおいて読むと，各桁は0から15までの16通りの数字を用い，左隣りの桁は16倍の重みをもつことになる．問題は，16通りの数字をどう表記するかである．普通，0から9までは数字の0から9を使い，10から15は次のように英字を借用する．大文字，小文字はどちらも用いる．

$$10 \to a\ A$$
$$11 \to b\ B$$
$$12 \to c\ C$$
$$13 \to d\ D$$
$$14 \to e\ E$$
$$15 \to f\ F$$

2進表現が与えられると，下から4桁ずつに区切って読んでいって16進表現に変換していく．例を示そう．

0111　1010　1111　1001
↓　　↓　　↓　　↓
 7　　A　　F　　9

すなわち，

$$0111101011111001_{(2)} = 7AF9_{(16)}$$

ということになる．このように16進表現は2進表現の1/4の字数で表現できるし，相互変換が容易であるので，よく用いられる．

34 ── 3 データの表現

Q 3.7 2進表現を16進に，16進表現を2進にそれぞれ変換せよ．
  (1)　0000101000000111$_{(2)}$　(2)　1000000110001101$_{(2)}$
  (3)　20$_{(16)}$　(4)　30$_{(16)}$　(5)　41$_{(16)}$　(6)　61$_{(16)}$　(7)　3257$_{(16)}$
  (8)　3521$_{(16)}$

Q 3.8　ここでは16進表現を扱った．そして，2進表現の4桁を1つの16進数字に対応すればよいことを見た．8進表現ならどうなるか．

Q 3.9　10進3進変換，3進7進変換，7進10進変換などはできるのだろうか．

Q 3.10　我々は普通10進で計算をする．コンピュータは2進で計算するという．他の3進や，17進などという表現でも，四則演算などできるのだろうか．

3-3　記号の表現

コンピュータは単に数値計算をするだけでなく，記号処理をすることで広範囲の用途をもつようになった．この記号もやはり0と1の組合せで表現する．その際，どの記号にどういう0,1のパターンを対応させるかを決めたものを**コード**(code, **符号**)という．

ISO コード

表3.2はISO†で制定したコード表である．この表の見方をまず説明しよう．たとえばAという記号は，右から4列目，上から2行目に見つかるであろう．これは上位ビット100の列にあり，下位ビット0001の行にあるので，上位と下位をつないで，

　　上位　下位
　　1000001

と7ビットで表わすことになる．この表には，7ビットで表現できる128通りの記号があげてある．なお，この表であみかけになっている部分は，各国の事情で適当な記号を選択してよいとされた部分であり，ここでは日本のJIS†で決められている記号(C6220 情報交換用符号)を掲げてある．その意味で，この表はJISコードの表とみてよい．JISの場合はこのほかに仮名などを扱うように考慮されているが，ここでは省略した．

表3.2 ISOコード(JISコード)

上位ビット		0 0 0	0 0 1	0 1 0	0 1 1	1 0 0	1 0 1	1 1 0	1 1 1
下位ビット		0	1	2	3	4	5	6	7
0000	0	NUL	TC$_7$(DLE)	SP	0	@	P	`	p
0001	1	TC$_1$(SOH)	DC$_1$	!	1	A	Q	a	q
0010	2	TC$_2$(STX)	DC$_2$	"	2	B	R	b	r
0011	3	TC$_3$(ETX)	DC$_3$	#	3	C	S	c	s
0100	4	TC$_4$(EOT)	DC$_4$	$	4	D	T	d	t
0101	5	TC$_5$(ENQ)	TC$_8$(NAK)	%	5	E	U	e	u
0110	6	TC$_6$(ACK)	TC$_9$(SYN)	&	6	F	V	f	v
0111	7	BEL	TC$_{10}$(ETB)	'	7	G	W	g	w
1000	8	FE$_0$(BS)	CAN	(	8	H	X	h	x
1001	9	FE$_1$(HT)	EM	)	9	I	Y	i	y
1010	a	FE$_2$(LF)	SUB	*	:	J	Z	j	z
1011	b	FE$_3$(VT)	ESC	+	;	K	[	k	{
1100	c	FE$_4$(FF)	IS$_4$(FS)	,	<	L	¥	l	|
1101	d	FE$_5$(CR)	IS$_3$(GS)	−	=	M	]	m	}
1110	e	SO	IS$_2$(RS)	.	>	N	^	n	~
1111	f	SI	IS$_1$(US)	/	?	O	_	o	DEL

　なお，表3.2の左の2列は**制御記号**というもので，たとえばBEL(0000111)という制御記号は，表示装置にこの記号を送るとベル(実際にはブザー)が鳴ることを意味する．LFはlinefeed(改行)で，プリンタで1行送る動作を引き起こさせる．このように，目に見える記号(**グラフィック記号**†)とは別に，プリンタや通信などの制御記号†として使われるものがここに入れられている．

情報交換用符号

　表3.2で，なぜAを1000001と表わすのかといっても，そう決める必然性がとくにあるわけではない．単に記号に背番号を与えた程度のことである．メーカーや国によって違う表を使っていても不思議はない．実際，IBM†系のコンピュータはEBCDIC†(イビシディック)という符号系を用い，ワークステーションはアメリカのASCII†という規格(ISOをアメリカ規格化したもの)を用いているというような状況がある．ところがコンピュータによって異なる符号を使っていると，コ

ンピュータAからコンピュータBへデータを送っても，そのままでは意味が通じないことになる．そこで「コード変換」という作業を一段はさまねばならない．できることならコードを統一することで，情報の交換を円滑にしたいという願いから，表3.2で示したような情報交換用符号が制定されるのである．

JISでは，情報交換用漢字符号系（C6226）というものも定めている．これは2バイトで1つの記号を表現すると思えばよい．たとえば「理」「工」という漢字にはそれぞれ，

$4D7D_{(16)} = 0100110101111101_{(2)}$ と

$3929_{(16)} = 0011100100101001_{(2)}$

というパターンが割り当てられている．なお，実際にはシフトJIS符号なども用いられているが，ここでは立ち入らない．

3-4　誤りの対策

標準の磁気テープ†は幅1インチであるが，そこに9つの磁気ヘッドを置いて9つのトラックに記録していくものが使われてきた．同時に9つの磁気ヘッドのあるところの0,1が読み取れる．つまり，9ビットをまとめて読み書きできる．その1組の9ビットをここではキャラクタと呼ぶことにする．実際に記録するデータは1バイト（8ビット）で，それに**パリティビット**（parity bit）という余分の1ビットをつけ加えて，合計9ビットをテープに記録するのである．パリティビットの決め方は，データの中の1の個数が奇数ならパリティビットを0とし，偶数なら1とする．いいかえると，どのキャラクタを見ても奇数個の1があるようにする．

このように記録すると，仮に1ビットの誤りがあったときに，そのことを検出することができる．1ビット誤ると全体の1の個数が偶数になるので，正しくないことがわかるのである．ここで誤りというのは，0が1に，あるいは1が0に化けることである．

磁気テープは小さいゴミがついたり，磁性体の塗布ムラがあったりして，書

き込みが正しくできなかったり，書き込んだとおりに読めなかったりすることがある．このような誤りが検出できれば，たとえば巻き戻してもう一度読むなどの対策もとれる．このように，本来のデータに冗長を付加して誤りに対処するという工夫は通信では重要である．

通信での1つの問題は雑音の影響の除去である．たとえば，惑星探査衛星(わくせい)と地球との通信では，衛星が非常に遠方にあるため，電波はきわめて微弱(びじゃく)となり，雑音で通信が妨害される．通信データにうまく冗長を付加して受信側で正しく復号する，あるいは，再送を要求するなどの方法で，正しく情報を送受信しているのである．このような技術分野は符号理論と呼ばれ，深く研究されている．CD(コンパクトディスク)にも誤り訂正技術が使われている．

3-5 アナログデータの扱い

たとえば，実験室の温度を自記温度計で，記録紙に連続的に記録したものが**アナログ**†(analog)の記録であるのに対し，2時間おきに温度計を読みとってノートに数値として記録していくのが**ディジタル**†(digital)の記録である．その際，時間的に連続なものを一定間隔 T (**サンプル周期**という)で観測する(**サンプル**†する)ことになる．また，温度計の水銀の頭と目盛りを慎重に見て，25.8℃などと読みとるのだが，この方法では0.1℃以上の精度は望むべくもない．ある桁までの数に読みとる以上，それ以下の桁は無視する．これを**量子化**(りょうしか)(quantize)といい，その際の誤差を**量子化誤差**(quantizing error)という．

もちろん，目的によってサンプルする間隔を縮めることもある．たとえば気象台では温度の測定は1日数回程度でよいであろうが，日食の際の温度変化は，それこそ秒単位くらいで測定したいであろう．サンプル周期や量子化の際の詳しさは，目的に応じて適当に選ぶことは当然である．

自記温度計の記録はLPレコードのみぞに，ノートに一定間隔でとられた数値の並びはコンパクトディスクの記録に，それぞれ対応している．前者は，演奏した音声をみぞに記録するが，後者は音声信号を高速にサンプルし，かなり精度の高い量子化を行なって記録している．

ディジタルのよさは，その後の複製を作るときに劣化がないという点にある．アナログの場合は，信号に雑音が付加されると，複製を作るときにその雑音もそのまま複製され，品質は劣化していく．ディジタルの場合は，0か1かを復元するので，大きな雑音でないかぎり影響がないし，劣化がない．

Q 3.11 なぜディジタルなら劣化がないのか(ディジタルとアナログ†)．

このほかに，ディジタル化することでコンピュータによる処理が可能となるということもメリットにあげておきたい．実際，コンパクトディスクの場合は，誤り訂正符号を用いているとか，曲の選択が自由にできるなど，アナログ記録では不可能な処理が可能となっている．

コンピュータがディジタルデータを扱うのが得意であるのはもちろんだが，アナログデータもこのように適当にサンプルし量子化して取り込むことで，それに種々の処理をほどこすことができ，その用途を広げている．音情報のディジタル化，画像情報のディジタル化が進展しているし，センサが進展すればそれに応じて応用分野が広がっていく．

3-6 コンピュータ内部の表現形式

アナログ信号であれ，ディジタル信号であれ，データが0と1の並びという形で表現されることを見てきた．では実際に，コンピュータ内部ではどのようなデータの表現法を使っているのかを見てみよう．

固定小数点表現

われわれが筆算する場合は何桁の数でも扱えるが，コンピュータは電気回路で構成されるため，何桁でもというような自由度があるわけではない．例をあげて説明しよう．

16ビットパソコンとか，32ビットパソコンということばを聞くこともあるであろうが，これはそのパソコンの1語†の大きさが16ビットであるか32ビットであるかをいっている．1語というのは一度に処理できるビット数と考えればよい．たとえば16ビットパソコンの場合，16ビットが処理の単位になるということである．そして図3.1のように，小数点の位置がa(左端)にあると

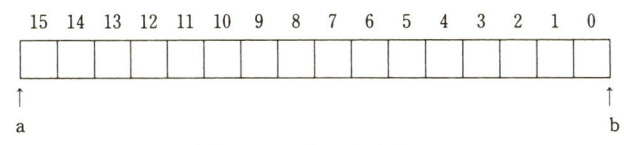

```
  15 14 13 12 11 10 9 8 7 6 5 4 3 2 1 0
 ┌──┬──┬──┬──┬──┬──┬──┬──┬──┬──┬──┬──┬──┬──┬──┬──┐
 │  │  │  │  │  │  │  │ │ │ │ │ │ │ │ │ │ │
 └──┴──┴──┴──┴──┴──┴──┴──┴──┴──┴──┴──┴──┴──┴──┴──┘
  ↑                                              ↑
  a                                              b
```

図3.1 固定小数点表現

いう考え方で扱うものと，b(右端)にあるという考え方で扱うものがある．それぞれどの範囲の数を表現できるだろうか．

小数点が右端の場合は，すべてのビットが0のときに最小値0となり，最大値はすべてのビットが1のときで，これは$2^{16}-1=65535$である．小数点が左端のときは右端の場合の範囲の数を2^{16}で割った範囲の数，すなわち0から$1-2^{-16}$である．本書ではとくにことわらなければ，右端に小数点があるとして説明する．

このように小数点の位置を固定して考える方法を**固定小数点数**[†](fixed-point number)という．実は小数点の位置よりも，16ビットというようにビット数が固定されていることのほうに大きな意味がある．右端に小数点がある場合に表現できる数の範囲が0から65535というのは，いかにも小さいであろう．そこで，実際には2語で1つのデータを扱う倍長数とか，4倍長の表現を使うというような工夫をソフトウェアのほうでする．また，もっと大きな範囲の数を扱うために，**浮動小数点数**[†](floating-point number)という別の方法もある．

負の数の表現

これまで説明したのは正の数の表現のみであった．負の数の表現[†]をここで考えよう．これについてはこれまで種々の考案がなされてきた．その代表的なものについて，1語＝4ビットとした場合を表3.3に示す．

符号絶対値表現[†]では，左端のビットで符号を表わす．そのビットが0なら正，1なら負を意味する．そして絶対値を残り3ビットで表現している．

かさ上げ表現[†]では，表現したい数にまず8を加算して2進表現する．こうすれば，-8から7の間の数は0から15の間に変換されるから，これを4ビットで表のように表現できる．

2の補数表現[†]は次のように考えればよい．4ビットで数を表現しているとす

```
          →0000
     1111      0001
   1110          0010
                   ↓
  1101            0011
  ↑                ↓
  1100            0100
  ↑                ↓
  1011            0101
   ↑              ↓
   1010          0110
     1001←1000←0111
```

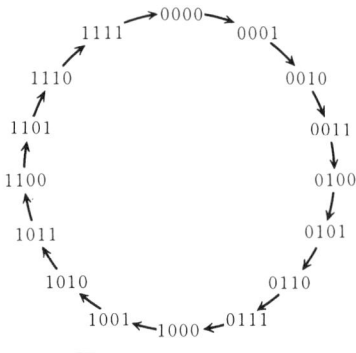

図 3.2 2 の補数表現

ると，0000 に 1 を加えると 0001，それに 1 を加えると 0010 というように変化していく．1111 に 1 を加えると 10000 になるべきだが，4 ビットに限っていると下 4 ビットの 0000 となる．そこで，+1 で得られるものを矢印でつないでいくと，図 3.2 のように輪の形になる．右回りは +1，左回りは −1 の関係にある．このように考え，0 を 0000 で表わすことにして，−8 から 7 の範囲の数を表 3.3 のように割り振ったのが 2 の補数表現である．

かさ上げ表現は浮動小数点数の指数部で使われることがある．符号絶対値表現はわれわれが日常使っている方法であるが，実はコンピュータにとっては必ずしも便利な方法ではない．最近のコンピュータはほぼ例外がないといってよいほど，2 の補数表現を用いる．その理由を簡単に説明しておこう．

Q 3.12 図 3.2 は 4 ビットで考えているが，6 ビットの例を作ってみよ．

2 の補数表現

数 a の 2 の補数表現† を $[a]$ と表わすことにする．表 3.3 で左端の列を a とすると，右端の欄が $[a]$ になっている．

4 ビットの場合を例とし，表 3.3 を参照して，4 通りの数の加算を下に示す．

$$
\begin{array}{llll}
0011 = [3] & 0011 = [3] & 1101 = [-3] & 1101 = [-3] \\
\underline{0100 = [4]} & \underline{1100 = [-4]} & \underline{0100 = [4]} & \underline{1100 = [-4]} \\
0111 = [7] & 1111 = [-1] & \underline{1}0001 = [1] & \underline{1}1001 = [-7]
\end{array}
$$

それぞれの数表現のまま加算する．そして，4 ビットの範囲に入らないとこ

表3.3　負の数の表現法

	符号絶対値表現	かさ上げ表現	2の補数表現
7	0111	1111	0111
6	0110	1110	0110
5	0101	1101	0101
4	0100	1100	0100
3	0011	1011	0011
2	0010	1010	0010
1	0001	1001	0001
0	0000	1000	0000
−1	1001	0111	1111
−2	1010	0110	1110
−3	1011	0101	1101
−4	1100	0100	1100
−5	1101	0011	1011
−6	1110	0010	1010
−7	1111	0001	1001
−8	—	0000	1000

ろ(アンダーラインのところ)を無視して下4ビットだけを見ると，4通りの場合すべてで正しい結果が得られている．このように，2の補数表現には正負の混合算を容易にできるという利点がある．また，$a-b$ なる減算をしたいときは，$a+(-b)$ として加算に変換すればよいが，その際，b の表現 $[b]$ から $-b$ の表現 $[-b]$ が次のように簡単に求められることも有利な点である．

表3.3からいくつかの a について，$[a]$ と $[-a]$ を読みとって加算してみると，

$a=1$ のとき　　　　$a=3$ のとき　　　　$a=5$ のとき

$0001 = [1]$　　　　$0011 = [3]$　　　　$0101 = [5]$

$\underline{1111 = [-1]}$　　$\underline{1101 = [-3]}$　　$\underline{1011 = [-5]}$

$10000 = [0]$　　　$10000 = [0]$　　　$10000 = [0]$

で，いずれの場合も両者を加算すると10000になる．これから逆に，

$$[-a] = 10000 - [a]$$

であることになる．$10000 = 1111 + 1$ の関係から

が得られる。$1111-[a]$ は,各桁の1と0を反対にすればよい.
したがって,$[a]$ が与えられたとき,$[-a]$ を求めるには,

(1) $[a]$ の1と0を反転する(0を1に,1を0に置き換える)
(2) 最下位に1を加算する

という2操作で求まる.

1つ例をあげておく.

$[1] = 0001$

```
    1110       1と0を反転する
  +    1       1を加える
  ─────────
    1111 = [-1]   正しく求まっている
```

以上,1語が4ビットとして説明したが,もっとビット数が多くても本質はかわらない.このように正負の数が混合していても,単に加算するだけで正しく加算できるし,減算をしたければ減数の表現 $[a]$ から $[-a]$ を求めて,これを被減数に加算するというように加算に還元できる.ということは,減算回路をとくに作らなくとも,加算回路があれば減算ができるという利点がある(5-1節).このような利点から2の補数表現はよく使用されている.

逆の表現

2の補数表現 $[a]$ が与えられたとき,それが表わす数 a を逆に求めることを考えよう.補数表現はある固定した n について,n ビットを使っている.そこで,$[a] = (a_{n-1}, a_{n-2}, \cdots, a_2, a_1, a_0)$ とすると,a は次の数を表わす.

$$a = a_{n-1}(-2^{n-1}) + a_{n-2}2^{n-2} + \cdots + a_2 2^2 + a_1 2 + a_0$$

注意すべきは,最上位は -2^{n-1} というマイナスの重みをもつことである.したがって,a_{n-1} が0なら正の数を表わすが,1なら負の数を表わすことになる.これと,先の説明が矛盾しないことを確認せよ(→2の補数表現(2)†).

その他の数の表現

小数部のある10進数を2進数に変換するとき,小数点以下は無限小数になることがあるが(演習問題3.2),コンピュータは桁数が限られているから,表現できない部分は切り捨ててしまう.これは切り捨て誤差を生むので,10進数

のまま計算したいという考えもあろう．4ビットで1つの10進数を表わす方法で，1語＝16ビットなら10進4桁の数を表現し，この表現に対応した演算命令をもつコンピュータもある．これは，**2進化10進数**†(binary coded decimal，略して，BCD)という．

　負の数の表現も含めて，コンピュータでのデータの表現法を見てきたが，コンピュータはこれ以外にも，有理数（分数形），複素数，あるいはベクトル，行列など，数学で扱うデータやそれ以外の多くのデータを扱っている．しかしコンピュータのハードウェアでは上に述べた程度の表現までとし，それ以外の種々のデータの表現はソフトウェアにまかせている．それらについてはデータ構造†を学ぶことになる．

ま と め

1　10進表現は，各桁には0から9の10通りの数字を使い，小数点の左の桁の重みは1，その左の重みは10，というように，左に移ると重みが10倍になっていく（逆に，右へ行くと重みは1/10になる）．一般に N 進表現では，0から $(N-1)$ の N 通りの数字を使い，小数点の左の桁の重みは1だが，その左は N 倍になる．$N=2$ とおけば，2進表現の特長がわかる．

2　2進10進表現は，はじめ0として，最上位桁を加えて2倍し，それに次の桁を加えて2倍し，という操作を繰り返して効率よく行なえる（これはHornerの方法として知られている）．

3　16進表現は0から15までの数字を使い，各桁の重みは左にいくと16倍ずつ増えていく．0から9は数字の0から9を使い，10から15はA, B, C, D, E, F（小文字でもよい）で表わす習慣である．

4　記号を表わすためのコードとして，ISOコードが国際的に制定され，それをもとに，JISコード，ASCIIコードが作られている．また，漢字を表わす符号などいくつかの情報交換用に符号が制定されている．

5　パリティチェックの考えは，1ビット余分にチェックビットを用意し，データとそのチェックビットの1の個数が常に奇数になるように決めるのがodd parityの方法である．受信側で1の数が偶数なら，誤りがあったことが検出できる．1の

個数が偶数という even parity の考えもある．
6 アナログ信号を，一定時間ごとに取り出し(標本化)，その大きさを量子化することで，数字の列で表わすことができる．これをアナログ-ディジタル変換という．ディジタルからアナログに変換することは，たとえば，CDのようにディジタルで記録された情報から音楽を再生する場面で使われている．
7 コンピュータ内部での数の表現法として，固定小数点表現，浮動小数点表現，また，BCD というものが使われている．
8 負の数の表現法として，符号・絶対値表現，かさ上げ表現，2の補数表現などが使われる．とくに，2の補数表現は正負の混合演算をうまくできるので，コンピュータではよく使われている．
9 より複雑なデータはソフトウェア的に表現する．

演習問題

3.1 10進表現45と29を2進表現に変換せよ．次に，
(1) $45+29$ (2) $45-29$ (3) 45×29 (4) $45\div 29$
を2進数のまま計算し，結果を10進数に戻して，正しく計算できたかどうか確認せよ．

3.2 10進表現1.6を2進表現に変換せよ．次にそれが正しいことを検算せよ．

3.3 2進表現を4ビットずつ区切って，それぞれを16進数字に置き換えるだけで，なぜ16進表現に変換できるのか．逆変換(16進から2進)も16進数字を4ビットの2進数字に置き換えるだけでよいこととあわせて説明せよ．

3.4 古い紙テープが残っている(図3.3)．これは8単位テープといって，データを表現するための孔が8列ある(小さい孔はテープを送るためのスプロケットホールなので無視する)．一番上の列の孔はすべて開いていて，この場合はとくに意味がない．下の7つの孔が開いているかどうかでデータが表現されている．これはASCII符号である．ISOのコード表を参考にして解読してみよ．はじめのほうは一部解読してある．

3.5 JISの漢字コードの表は，パソコンの付属資料やワープロソフトについているので簡単に見ることができる．自分の名前のコードを探してみよ．なお，参考

までに「計算機」は JIS 符号では次のように表わされる．

　　計　　　3257　　0011001001010111
　　算　　　3B3B　　0011101100111011
　　機　　　3521　　0011010100100001

3.6 かさ上げ法で表現した数を加算，減算するとどういう問題が生じるか述べよ．

3.7 1語＝16 ビットの場合の 2 の補数表現の問題である．次の 10 進表現で示されている計算を 2 の補数表現で実行し，結果を 10 進表現に戻して確認せよ．

　　(1)　1234＋4567　　　(2)　1234＋(−4567)
　　(3)　(−1234)＋(−4567)　　(4)　4567−1234

3.8 磁気テープのパリティビットのところで，1 ビットの誤りは検出できることが判ったが，2 ビットの誤りは検出できるだろうか．

3.9 図 3.3 では一番上の列の孔はすべてあいている．そうではなく，7 ビットのデータに対するパリティビットに使うこともある．その場合どのような孔があくだろうか．

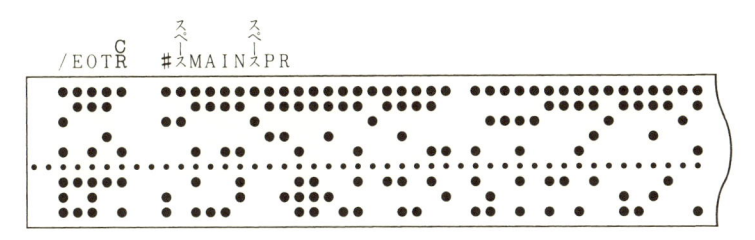

図 3.3　8 単位テープ

4 基本的な回路

コンピュータの内部のしくみを知るために，コンピュータを構成する基本的な回路を順に説明していく．

4-1 コンピュータの回路

　コンピュータの本体は，**電源回路**†や**インタフェース回路**†(図 2.1 参照)の一部をのぞけば，1 と 0 の 2 つの値を扱う**論理回路**†(logic circuit)で構成されている．論理回路は一昔前は**リレー**(電磁石を使ったスイッチ)，**トランジスタ**†などで作られたが，今ではほとんど**集積回路**†(integrated circuit, **IC**)を用いているので，ここでも IC を中心に説明する．

　なお，以後，「論理関数」，「論理ゲート」など「論理†」をつけた用語を使う

表 4.1　いろいろな IC

IC の種類		素子の数	用　　　途
SSI	小規模集積回路	〜100	汎用基本ゲート IC (4 NAND など)
MSI	中規模集積回路	100〜1000	
LSI	大規模集積回路	1000〜10 万	
VLSI	超大規模集積回路	10 万〜1000 万	64 KbDRAM, 16 KbSRAM, マイクロプロセッサ
ULSI	超超大規模集積回路	1000 万〜	16 MbDRAM

ことがあるが，これは0と1の2値を扱うことを明示するものと理解されたい．ICは1つのパッケージ(容器)の中にトランジスタなどの素子を何個含むかによって，だいたい表4.1のように分けられている．ちなみにSSIはsmall-scale integrationの頭字語で，M, L, VL, ULは順に，medium, 1arge, very large, ultra largeの略である．

基本ゲート

ICゲートそのものの機能は4-3節で説明するとして，まず電気回路としてのICについて簡単に説明しておく．図4.1はSSIの例であるが，ICはNANDゲートと呼ばれる回路を4つ内蔵している．それぞれの回路はA, Bの2つの入力と，出力Yをもつ2入力1出力回路であり，合計3×4本の信号線がピンに出ている．ピンの残り2つは，電源†をVCCに，グラウンド†をGNDに接続する．外観は図4.2にあるように，黒い小さな格納容器(パッケージ)から14本の金属線が両側に7本ずつ出ている．ピンの間隔は1/10インチ

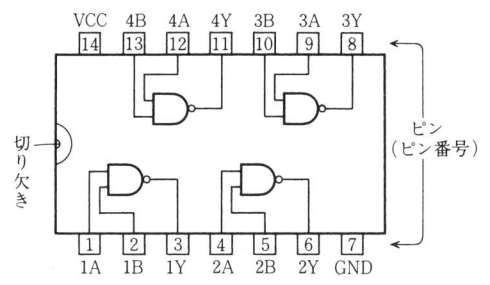

図 **4.1** 論理ICの7400．2入力のNANDゲートが4個ある．入力はA, B, 出力はYと表わされている．VCCは電源で，GNDはアース

図 **4.2** 7400の実物

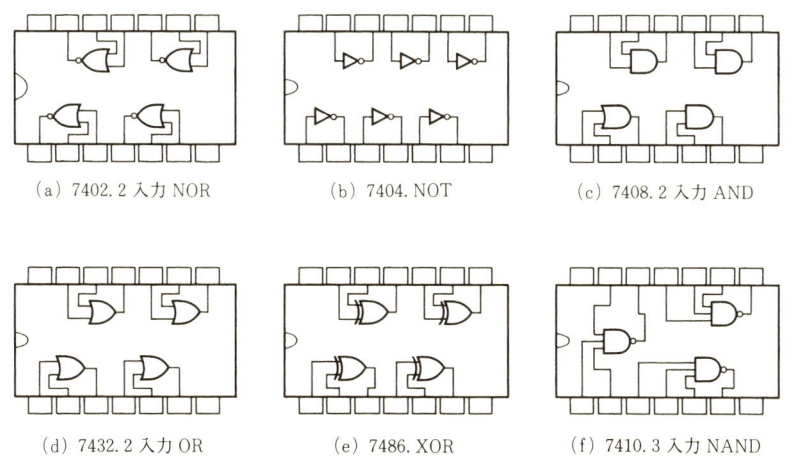

(a) 7402. 2入力 NOR　　　(b) 7404. NOT　　　(c) 7408. 2入力 AND

(d) 7432. 2入力 OR　　　(e) 7486. XOR　　　(f) 7410. 3入力 NAND

図 4.3　基本ゲート IC．7410 は 3 入力だが，4 入力の 7420，8 入力の 7430 などもある

(約 2.5 mm) であり，全体の大きさもごく小さいことがわかるであろう．他のICの例を図 4.3 にあげる．これらは外観上区別がつかないので，内容を表わす番号が表面に印刷されている．IC に関しては面白い話題がたくさんあるが，本書の枠外なので，興味のある人は電子回路の専門書に進まれたい．

回路の動作

論理回路は 0 と 1 の 2 つの値を扱うことを意図した回路である．たとえば，7404 の NOT ゲートという回路の入出力特性は図 4.4 のようになっている．つまり，入力として 0 から 5 V の範囲の電圧を与えると，出力が図のようになる．そして，電圧範囲と 0,1 を図 4.5 のように対応づける．するとこの NOT 回路は，入力として 0 を与えると出力として 1 を，入力として 1 を与えると出力が 0 となる回路といえる．さらに，入力が少々変動しても出力は安定した値になることがわかる．つまり，少々の雑音などが入っても回路のほうで修正してしまうのである．コンピュータはこのようなゲートを数十万個というような規模で使用する．通常，構成要素が多いほど，システム全体の信頼性は極端に悪くなるところだが，コンピュータがきわめて高い信頼性を誇っているのは，入力が少々変動していても，すぐさま調整して定まった値として出力するとい

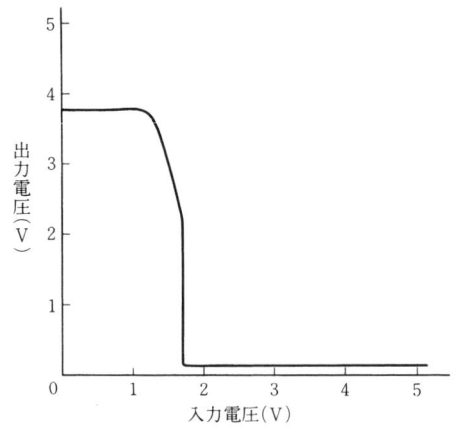

図 4.4 7404 の NOT ゲートの入出力特性

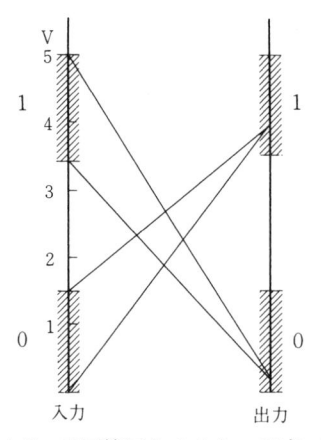

図 4.5 電圧範囲と 0, 1 との対応づけ

うことを，それぞれの回路で行なっているからである．もちろん，0 から 1 へ値が変化するときは電圧が途中の値を取り，そのとき出力も連続的に変化する．しかし，途中の電圧値で長くとどまることがなく，高速に変化するように工夫してあるので，入力の変化に対して出力はきわめて高速に追随する．

　コンピュータの回路は，ここに登場したような数種のゲートを多数組み合わ

せて構成されている．何十万個ものゲートを正しく組み合わせることができるのは，基礎にしっかりした理論があり，ステップを踏んで設計できるからである．

いよいよその入口に達した．これから論理関数の扱いを学ぶが，これはコンピュータを代表とするディジタル回路の基礎であるだけでなく，ソフトウェアにもその他の分野にも応用できるものである．ただ，これまで微分や積分のように連続とか無限とかを扱う数学になれてきた頭には，0と1だけの，有限の世界，しかも連続ではないという世界はかなり新鮮に見えるかもしれない．

4-2　2値関数

第3章でデータが0と1で表現できることを知った．コンピュータの回路は0と1の2つの値を扱うディジタル回路で構成されている．そのような回路を扱うのに2値関数[†]という概念が役立つ．

n変数の関数$f(x_1, x_2, \cdots, x_n)$で，変数も関数値も0か1のどちらかの値しかとらないものを**2値関数**という．2値関数の表現法として関数表，カルノー図，式を紹介する．

関数表での表現

表4.2は，3変数x, y, zのある関数の**関数表**での表現例である．この表は，x, y, zの3つの変数に対して関数fがどのように決まるかを示している．たとえば，0,0,0に対して0となっているのは，x, y, zがすべて0のときは，fが0になるという意味である．すなわち，$f(0,0,0)=0$である．他の7通りの入力に対して，fがどのように決まるかが表から読み取れよう．

このように2値関数では0か1の値しか考えないので，3変数なら$2^3=8$通りの組合せに対して関数値がどうなるかを指定すればよく，記述は容易である．

Q 4.1　関数表のx, y, zに対する0,1の組合せの順序はどうして表4.2のように並べるのか．

カルノー図による表現

ここで導入する**カルノー図**[†](Karnaugh map)は，表による記述と内容的に

表 4.2 3 変数関数の関数表

x	y	z	f
0	0	0	0
0	0	1	1
0	1	0	1
0	1	1	0
1	0	0	1
1	0	1	0
1	1	0	0
1	1	1	1

は同じであるが,簡単化(式や回路を簡単にすること)などの作業の際に便利なものである.変数が x だけの場合は図 4.6(a) のように,2 つの箱を用意し,x が 0 のときと 1 のときの関数 $f(x)$ の値を箱の中に書く.関数の名前を左上に書いている.具体例を図 4.6(b) に示すが,これは,$g(0)=1$, $g(1)=0$ であるような関数 g を表現している.

	x	0	1
f		$f(0)$	$f(1)$

(a) 一般形

	x	0	1
g		1	0

(b) 具体例

図 4.6 1 変数のカルノー図

x, y の 2 変数の関数 $f(x, y)$ の場合は,図 4.7(a) のように,x と y のそれぞれで分類をするので,箱は 4 つできる.図 4.7(b) を表 4.3 のように関数表で書いてみる.この関数は,$x=y$ のとき 1 で,$x \neq y$ のとき 0 となる関数であり,**一致関数**と呼ぶことがある.

x, y, z の 3 変数の場合の一般形と関数例を図 4.8 に示す.y, z のところの 00, 01, 11, 10 という並べ方に注意してほしい.具体例に上げた (b) の関数は**多数決関数**と呼ばれるものである.x, y, z, u の 4 変数の場合の一般形を図 4.9 に示す.

式による表現

もう 1 つよく使われる記述法として,式による表現がある.これは変数,定

	y	0	1
x			
0		$f(0,0)$	$f(0,1)$
1		$f(1,0)$	$f(1,1)$

(a) 一般形

	y	0	1
x			
0		1	0
1		0	1

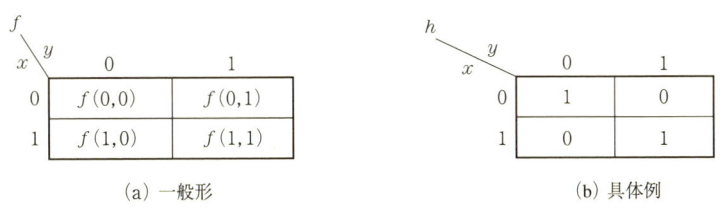

(b) 具体例

図 4.7 2 変数のカルノー図

表 4.3 $h(x,y)$ の関数表

x	y	g
0	0	1
0	1	0
1	0	0
1	1	1

	yz	00	01	11	10
x					
0		$f(0,0,0)$	$f(0,0,1)$	$f(0,1,1)$	$f(0,1,0)$
1		$f(1,0,0)$	$f(1,0,1)$	$f(1,1,1)$	$f(1,1,0)$

(a) 一般形

	yz	00	01	11	10
x					
0		0	0	1	0
1		0	1	1	1

(b) 具体例

図 4.8 3 変数のカルノー図

	zv	0 0	0 1	1 1	1 0
xy					
0 0		$f(0,0,0,0)$	$f(0,0,0,1)$	$f(0,0,1,1)$	$f(0,0,1,0)$
0 1		$f(0,1,0,0)$	$f(0,1,0,1)$	$f(0,1,1,1)$	$f(0,1,1,0)$
1 1		$f(1,1,0,0)$	$f(1,1,0,1)$	$f(1,1,1,1)$	$f(1,1,1,0)$
1 0		$f(1,0,0,0)$	$f(1,0,0,1)$	$f(1,0,1,1)$	$f(1,0,1,0)$

図 4.9 4 変数のカルノー図 (一般形)

数を，・，$+$，￣(バー)，$\oplus$ などの演算子を組み合わせて作る．これらを使って書かれる式を論理式と呼ぶ．これらの**演算子**は表 4.4 のような意味をもつ．表に

表4.4　論理演算子

演算子	‾			・			+			⊕	
名称	NOT 否定		AND 論理積			OR 論理和			XOR 排他的論理和		
意味	x	$\bar{x}$	x	y	$x\cdot y$	x	y	$x+y$	x	y	$x\oplus y$
	0	1	0	0	0	0	0	0	0	0	0
	1	0	0	1	0	0	1	1	0	1	1
			1	0	0	1	0	1	1	0	1
			1	1	1	1	1	1	1	1	0

あるように，これらは**否定**，**論理積**，**論理和**，**排他的論理和**などの名前をもっている．

なお，記号論理学†ではこれとは違う記法を用い， ̄，・，+はそれぞれ ̄，∧，∨と表わすことがある．一般に，ある演算子。があって，$x\circ y = y\circ x$ が任意の x, y について成立するとき，。は**可換**(commutative)であるといい，$x\circ(y\circ z) = (x\circ y)\circ z$ が成立するとき，。は**結合的**(associative)であるという．先の論理演算子には次の性質がある．

性質1 AND(・)は，可換かつ結合的である．

その証明として，関数表を用いる方法を示そう．$x\cdot y$ と $y\cdot x$ とをそれぞれ求めると表4.5のようになり，x, y の4通りの組合せに対してつねに一致する．したがって，$x\cdot y = y\cdot x$ である．これは，場合分けによる証明にほかならないが，場合の分類が表形式で把握しやすくなっている．もちろん，カルノー図でもよいし，定義から直接示してもよい．同様にして結合的であることも示せる．

表4.5　$x\cdot y$ と $y\cdot x$ の関数表

x	y	$x\cdot y$	$y\cdot x$
0	0	0	0
0	1	0	0
1	0	0	0
1	1	1	1

Q 4.2 ANDが結合的であることを証明せよ．

性質2 OR($+$)は，可換かつ結合的である．
性質3 XOR($\oplus$)は，可換かつ結合的である．
Q 4.3 OR が可換かつ結合的であることを示せ．
Q 4.4 XOR が可換かつ結合的であることを示せ．

なお，普通の数式
$$f = ax^2 + bx + c$$
を見ると，
$$f = ((a \times (x \times x)) + (b \times x)) + c$$
とカッコを付けることができる(これ以外の付け方もあるが). $\times$ は普通，意味があいまいにならない範囲で省略してよいことになっているので，もとの式では省略されている．また**演算子の強さ**の順序が決められていて，カッコを省略しても意味が確定する．また，$\times$ や $+$ は結合的である．すなわち，$(a+b)+c = a+(b+c)$ であり，計算の順序は結果に影響しないので，単に a+b+c と書いてよい．これと同じで，論理式の場合も結合性を利用しカッコを省略できる．表 4.6 のような約束になっている．

表 4.6 演算子についての約束

演算子の強さの順	省略の可能性
‾(バー)が一番強く，次に・，＋ と順に弱くなる ＋ と $\oplus$ は同じ強さ	‾(バー)，＋，$\oplus$ は省略できない ・は省略できる

・やカッコを省いて簡潔に表現できる．普通の数式と同様の感覚であり，とくにむずかしいことではない．

式表現から関数表表現へ

式表現から関数表を求める方法を考えよう．例として次の 3 つの関数を考える．
$$f = x\bar{y}, \quad g = (\bar{x}+y)(x+\bar{y}), \quad h = \overline{x}\bar{y}z + xy\bar{z}$$
まず，f は $f = x \cdot (\bar{y})$ の意味である．つまり，x が 1，$\bar{y}$ が 1 となるとき，そのときだけ 1 になる．$\bar{y}$ が 1 になるのは，$y=0$ のときであるから，f は $x=1$ かつ $y=0$ のときにのみ 1 となることがわかる．これから，表を直接作ることも

できる.

ただ，複雑になると，式を部分式に分解して，表で各部分式の値を決めて，合成していくのが楽である．たとえば，g は部分式を2つもつが，$a=\bar{x}+y, b=x+\bar{y}$ として，$g=a\cdot b$ と分解できる．そこで，表4.7の(a)のように，a, b, g と求めていく．h も同様に，$h=c+d, c=\bar{x}\bar{y}z, d=xy\bar{z}$ と分解して，表をつくればよい．表4.7(b)にその方法を示す．部分式をどこまで分解するかは自分のやりやすいところまでやればいい．慣れてくれば簡単に見つかるようになる．

逆に，関数表が与えられたとき式が書けるかどうか考えてみよう．実は次のような事実がある．

性質4 いかなる関数表が与えられても，それを式で書くことができる．

上の h がこの事実の証明のヒントを与えている．h では2つの部分式の論理和の形に書かれているが，それらの部分式の表はぞれぞれ1ヶ所だけ1をもつ．

表 4.7

(a) g の表を作る

x	y	a	b	g
		$\bar{x}+y$	$x+\bar{y}$	$a\cdot b$
0	0	1	1	1
0	1	1	0	0
1	0	0	1	0
1	1	1	1	1

(b) h の表を作る

x	y	z	c				d				h
			$\bar{x}$	$\bar{y}$	z	$\cdot$	x	y	$\bar{z}$	$\cdot$	$c+d$
0	0	0	1	1	0	0	0	0	1	0	0
0	0	1	1	1	1	1	0	0	0	0	1
0	1	0	1	0	0	0	0	1	1	0	0
0	1	1	1	0	1	0	0	1	0	0	0
1	0	0	0	1	0	0	1	0	1	0	0
1	0	1	0	1	1	0	1	0	0	0	0
1	1	0	0	0	0	0	1	1	1	1	1
1	1	1	0	0	1	0	1	1	0	0	0

関数表で1ヶ所だけ1をもつ関数の式を書ければ，与えられた関数表の1のあるところに1をもつ部分式の論理和として，式の形に書けるであろう．したがって，ここでは，1を任意の位置で1つだけもつ関数を表現する方法を，3変数 x, y, z の関数の例で説明する．$(x, y, z) = (1, 1, 1)$ のときにのみ1となるのは簡単で，xyz でよい．$(x, y, z) = (1, 1, 0)$ のときにのみ1となるのは，xy はそのままで，z を否定した $\bar{z}$ を使って，$xy\bar{z}$ とすればよい．

これを一般に表現する方法として，x^e という表現がある．指数に似た書き方であるが，意味は

$x^0 = \bar{x}$

$x^1 = x$

である．この記法を使えば，$(x, y, z) = (a, b, c)$ のとき，そしてそのときにのみ1となる関数は，

$x^a y^b z^c$

と書ける．このように，x, y, z すべてが，そのままかバーつきの形で積の形になっている式を**最小項**†(minterm)という．任意の関数表は最小項の論理和の形で式に表わすことができる．この式の表現法を**論理和標準形**，**積和標準形**†，**最小項展開**などという．

具体例で試してみよう．表4.2の関数を式で表わそう．
$(x, y, z) = (0, 0, 1), (0, 1, 0), (1, 0, 0), (1, 1, 1)$ のときに1になるのだから，

$$f(x, y, z) = x^0 y^0 z^1 + x^0 y^1 z^0 + x^1 y^0 z^0 + x^1 y^1 z^1$$
$$= \bar{x}\bar{y}z + \bar{x}y\bar{z} + x\bar{y}\bar{z} + xyz$$

となる．関数表とカルノー図の表現は一意の表現(表現法が1対1に対応する)であるが，同じ関数を表現する式は多数存在しうる．たとえば，上の式は次のように表現しても同じ関数を表わしている．

$$f(x, y, z) = \bar{x}(\bar{y}z + y\bar{z}) + x(\bar{y}\bar{z} + yz)$$

これは，共通項をくくった形である．実は，この論理式の世界でも分配則が成立するのである．その他，表4.8のような関係式が成り立つ(→演習問題4.2)．

表 4.8 論理式のいくつかの性質

		A	B
1	可換則	$xy=yx$	$x+y=y+x$
2	結合則	$(xy)z=x(yz)$	$(x+y)+z=x+(y+z)$
3	分配則	$x(y+z)=xy+xz$	$x+yz=(x+y)(x+z)$
4	べき等則	$xx=x$	$x+x=x$
5	基本関係(1)	$1x=x$	$0+x=x$
6	基本関係(2)	$0x=0$	$1+x=1$
7	吸収則(1)	$x+xy=x$	$x(x+y)=x$
8	吸収則(2)	$x+\overline{x}y=x+y$	$x(\overline{x}+y)=xy$
9	否定形との関係	$x\cdot\overline{x}=0$	$x+\overline{x}=1$
10	ド・モルガン則(1)	$\overline{x\cdot y}=\overline{x}+\overline{y}$	$\overline{x+y}=\overline{x}\cdot\overline{y}$
11	ド・モルガン則(2)	$x\cdot y=\overline{\overline{x}+\overline{y}}$	$x+y=\overline{\overline{x}\cdot\overline{y}}$
12	2重否定	$\overline{\overline{x}}=x$	
13	可換則	$x\oplus y=y\oplus x$	
14	結合則	$x\oplus(y\oplus z)=(x\oplus y)\oplus z$	
15	分配則	$x(y\oplus z)=xy\oplus xz$	
16		$x\oplus x=0$	
17		$0\oplus x=x$	
18		$1\oplus x=\overline{x}$	

4-3 ゲートによる関数の実現

 実際の論理回路は，以下に紹介するようなゲートと呼ばれる基本回路を組み合わせて作る．4-1節で見たように，これらのゲートは論理ICとして入手できるし，マイクロプロセッサなどVLSIの中には多数のゲートが作り込まれている．

 NOTゲート 入力 x の否定 $\overline{x}$ を出力する回路である．これを**インバータ** (inverter, 反転回路) ともいい，図 4.10(a) の回路記号を用いる (なお，本書では **MIL規格**[†] の記号に準拠している)．

 ANDゲート 入力の論理積を出力する回路である．NOTゲートは1入力しかないが，ANDゲートでは入力数は2以上である．図 4.10(b)(c) に記号を

示すが，(c)は3入力ANDゲートである．もっと入力数の多いANDゲートもある．いずれもすべての入力が1のとき，そのときに限って，出力が1になる．

OR ゲート　入力の論理和を出力する回路である．ANDゲート同様，入力数は2以上である．1つでも1の入力があれば，出力は1となる．図4.10(d)(e)に記号を示す．

NAND ゲート　入力の論理積(AND)を否定して出力する回路である．入力数は2以上である．すべての入力が1のとき，そのときに限って，出力が0になる．図4.10(f)に記号を示すが，ANDの記号の後に小円がついた形をしている．小円が否定を表わすのである．

NOR ゲート　入力の論理和(OR)を否定して出力する回路である．NANDゲート同様，入力数は2以上である．1つでも1の入力があれば，出力は0となる．図4.10(g)に記号を示す．

XOR ゲート　入力の排他的論理和を出力する回路である．入力数は2である．xとyが等しければ0で，等しくなければ出力は1になる．図4.10(h)に記号を示すが，ORゲートの前に，円弧を近接して書き，ORと区別する．

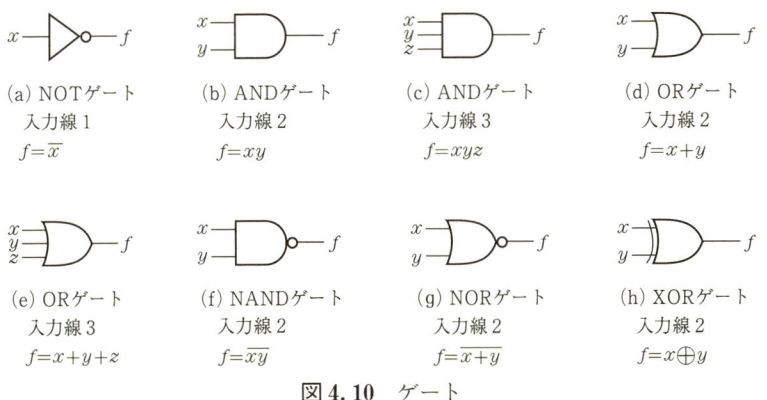

(a) NOTゲート　入力線1　$f=\overline{x}$

(b) ANDゲート　入力線2　$f=xy$

(c) ANDゲート　入力線3　$f=xyz$

(d) ORゲート　入力線2　$f=x+y$

(e) ORゲート　入力線3　$f=x+y+z$

(f) NANDゲート　入力線2　$f=\overline{xy}$

(g) NORゲート　入力線2　$f=\overline{x+y}$

(h) XORゲート　入力線2　$f=x\oplus y$

図4.10　ゲート

4-4 回路の解析と構成

回路の解析

図 4.1 の 4 つの NAND ゲートの入った IC を 1 つ使って,図 4.11(a) の回路を作ってみた.5 V の電源を用意し,2 接点のスイッチを 2 つ使って,x, y の 2 つの変数の値を決める.出力は f と記したものである.図では f の値が 1 なら右端にある発光ダイオード†が光るようにしてある.0 なら光らない.したがって,x, y のスイッチをいろいろと切り換えると,f の発光ダイオードはついたりつかなかったりする.こういう配線図は,実際に回路を作るときには役立つが,線が錯綜してくると機能がわかりにくくなる.そこで,論理動作だけを見

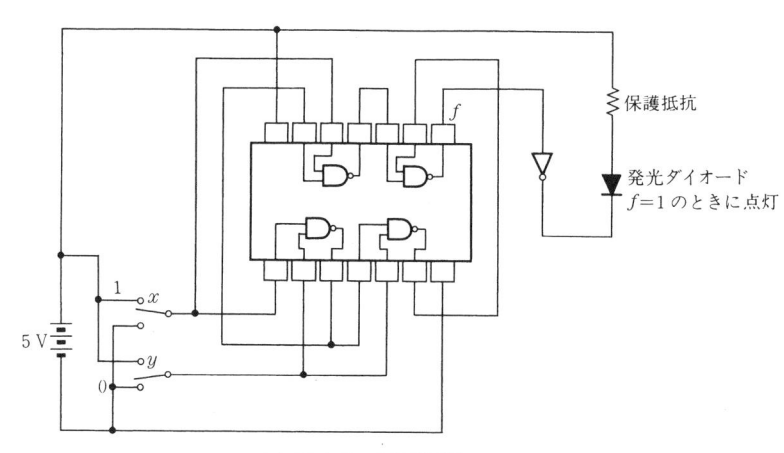

(a) IC を使った実験回路

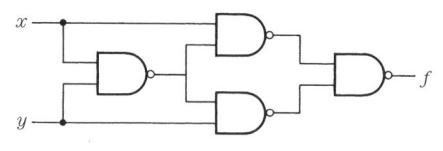

(b) 論理部分のみを取り出した図

図 4.11 IC を使った回路の例

るために，普通，論理回路図では，図 4.11(b) のように，電源の配線などは省いて簡単に描く．ゲートの入力は左に，出力は右になるように描くのが慣例である．こうなれば見やすいであろう．図 4.11(b) の回路をまずそのまま式に書いてみると，

$$a = \overline{xy}, \quad b = \overline{xa}, \quad c = \overline{ya}, \quad f(x,y) = \overline{bc}$$

となる．このままでは複雑なので，式の簡単化をはかる．そのためド・モルガン則（表 4.8）

$$\overline{xy} = \overline{x} + \overline{y}$$

を利用して，上の式の外側から使用する．式変形の途中で，表 4.8 にある関係を使っていく．

$$f(x,y) = \overline{b} + \overline{c} = xa + ya = x(\overline{x}+\overline{y}) + y(\overline{x}+\overline{y})$$
$$= x\overline{x} + x\overline{y} + \overline{x}y + y\overline{y} = x\overline{y} + \overline{x}y$$

すなわち，図 4.11 の回路は，実は $x \oplus y$ を実現しているのである．

回路の構成

次に，例として，表 4.9 の関数を回路で実現することを考えてみよう．この表から，まず積和標準形を求めると，

$$f = \overline{x}y\overline{z} + x\overline{y}z + xy\overline{z} + xyz$$

である．この形のままでは，3 入力 AND ゲートが 4 つと，4 入力 OR ゲートが 1 つと，x, y, z それぞれの否定を作るために NOT ゲートが 3 つ必要となる（→表 4.9 の回路[†]）．

表 4.9　ある 3 変数関数

x	y	z	f
0	0	0	0
0	0	1	0
0	1	0	1
0	1	1	0
1	0	0	0
1	0	1	1
1	1	0	1
1	1	1	1

入力ANDゲートをもつICのパッケージには，ANDゲートが3つしか入っていないことを考慮すると，これまでに見たICの範囲内では実現できないことになってしまう(実際には多様なICが販売されており，探せば何とかなるであろうが)．そこでもう少し改良できないか考える．先に分配則で共通因子をくくった例があったが，それを適用できないか調べよう．項の順序をかえてみる．

$$f = \overline{x}y\overline{z} + xy\overline{z} + x\overline{y}z + xyz$$

そうすると，次のようにくくれる．

$$f = (\overline{x}+x)y\overline{z} + x(\overline{y}+y)z$$

ここで，$\overline{x}+x=1$である(表4.8)ことを利用すると，次のように簡単になる．

$$f = y\overline{z} + xz$$

このような形を**積和形**(sum of product form)という．いくつかの積項の論理和であるという意味である．この形をNANDゲートで作ることは容易である．

たとえば，図4.12にやや一般的な形で示したが，同図(a)のいくつかのNANDゲートの出力を1つのNANDゲートの入力とした回路は，同図(b)の，まずANDゲートを通してその結果をORする(すなわち，積和形の)回路に等しいのである．このことを証明しておく．一般性を失わず，図4.12(a)の回路の式は

$$y = \overline{\overline{\alpha} \cdot \overline{\beta} \cdots \overline{\xi}}$$

と表わしてよい．すなわち，第1段のNANDゲートの出力をそれぞれ$\overline{\alpha}, \overline{\beta},$ …,$\overline{\xi}$と考える．このとき，

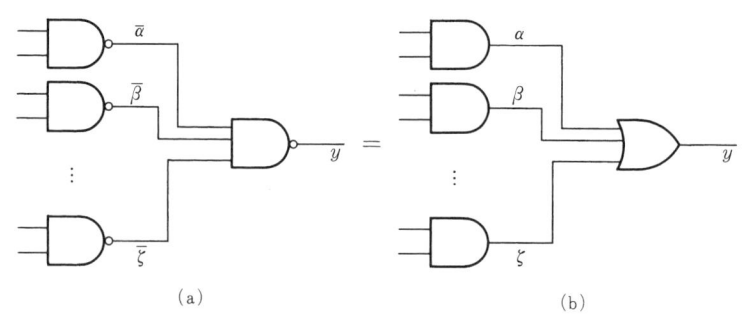

(a) (b)

図4.12 NAND 2段回路(a)は AND-OR 回路(b)に等しい

$$y = \alpha + \beta + \cdots + \zeta$$
である．何となれば，多入力のNANDゲートの定義から，$\bar{\alpha}, \bar{\beta}, \cdots, \bar{\zeta}$ のうちのどれかが0なら f は1となる．そして，すべてが1のとき f は0となる．ということは，ORの定義から上の式のように表わせる．

以上から，積和形であればNANDゲートのみを使って実現できることがわかる．もう1つ解決すべき問題は，z の否定を作ることである．これにもNANDゲートを使える．すなわち，NANDゲートの2つの入力にともに z を与えると，

$$y = \overline{z \cdot z} = \bar{z}$$

で，z の否定の意味になるからである．以上の考察から，与えられた関数 f は，図4.13のように構成できる．すべて2入力のNANDゲートしか使わないから，7400のICチップ1つで作れることになる．最初の案にくらべてICの数もはるかに少なく，経済的であるだけでなく，IC数が少なくて配線が少なくなるということは，それだけ信頼性が高まるということである．このように，実現を考えるときは，できるだけ簡単な回路になるように設計することになる．

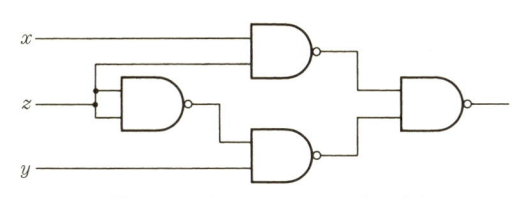

図4.13 表4.9の関数の実現例

カルノー図を用いた設計

式変形という手段で式を簡単化することを説明したが，同じことをカルノー図の上で考えると作業が少し楽にできる．

先の例題の表4.9から図4.8を参照して，カルノー図を書けば，図4.14(a)となる．これは表4.9の表す関数のカルノー図での表現である．このカルノー図では，1が4個，0が4個書かれている．ここで，この4つの1を区別して説明するため，ここでは，図4.14(b)のようにA, B, C, Dと名前を付けてみる．Aは最小項 $x\bar{y}z$ に，Bは xyz に，Cは $xy\bar{z}$ に，Dは $\bar{x}y\bar{z}$ に対応する（また，こ

	yz				
x		00	01	11	10
0		0	0	0	1
1		0	1	1	1

(a)

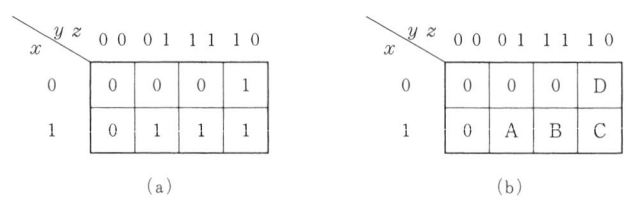

	yz				
x		00	01	11	10
0		0	0	0	D
1		0	A	B	C

(b)

図 4.14　表 4.9 の関数のカルノー図

れらの最小項をそれぞれ A, B, C, D でも表わす)．

　先の式変形で，1 変数を除いて共通な項を見つけたことが効果的であったが，それはカルノー図の上では隣り合う 2 つの 1 が 1 変数を除いて共通な項をもつ最小項に相当する．隣り合う 1 としては，A と B，B と C，C と D の 3 組が考えられる．$A = x\bar{y}z$ と $B = xyz$ の共通因子は xz ということになり，B と C の共通因子は xy，C と D の共通因子は $y\bar{z}$ である．それらを合わせると，残りの 1 変数は一方が肯定，他方が否定の形であるから，その論理和は 1 となり，簡単になる．すなわち

$$A + B = x\bar{y}z + xyz = x(\bar{y}+y)z = xz$$
$$B + C = xyz + xy\bar{z} = xy(z+\bar{z}) = xy$$
$$C + D = xy\bar{z} + \bar{x}y\bar{z} = (x+\bar{x})y\bar{z} = y\bar{z}$$

　カルノー図の上では，隣合う 1 を見つけたら，2 つの項を 1 つに置き換えられるチャンスであると思えばよい．それを図 4.15 のように，見つけたものを丸く囲むとわかりやすい．ただし，図 4.15 では，B と C に対応するものは囲んでいない．というのは，他の A と B，C と D の 2 つの組合せですべての 1 をつくしている (カバーするともいう) からである．B と C の組合せを採用するまでもないのである．このような視察により，図 4.15 のようにまとまった 1 を見つけて丸く囲むという作業ですべての 1 が囲まれれば，それから式を求めればよい．

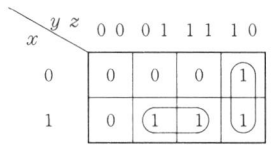

	yz				
x		00	01	11	10
0		0	0	0	(1)
1		0	(1)	(1)	(1)

図 4.15　隣合う 1 を丸で囲む

この場合は2つの項が見つかり,
$$f = xz + y\bar{z} \qquad (*)$$
となる.

Q 4.5 $A+B, B+C, C+D$ の3つのうち,$B+C$ を使わないでよいことを確認せよ.

Q 4.6 図4.13の実現と比べるため,(∗)の回路で必要となるゲート数などを数えてみよ.

隣接した2つの1を見つけると,このように簡単な項が得られるが,図4.16のような4つの1の場合(一般には,隣接した2のベキ乗個の1のかたまり)も簡単な項が得られる.

図4.16のそれぞれの1のかたまりに対応する項は次のようになる.
　(a) x　(b) $\bar{x}$　(c) y　(d) $\bar{y}$　(e) z　(f) $\bar{z}$

「隣接」について問題がありそうなのは(f)だけである.一見離れた1どうしであるが,対応する最小項は1つの変数を除いて共通であることがわかるであろう.カルノー図が,左端と右端の線がもともとくっついた円筒形(えんとう)であったと考えればよい.

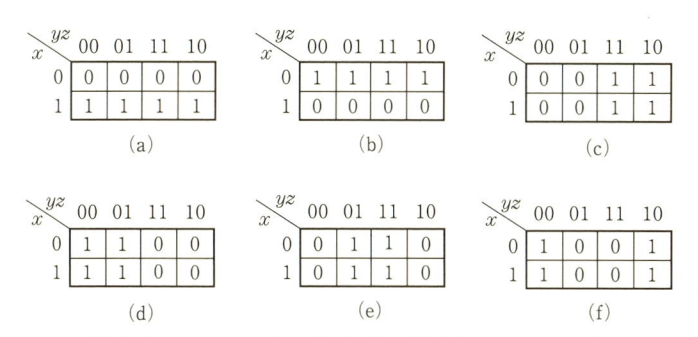

x \ yz	00	01	11	10
0	0	0	0	0
1	1	1	1	1

(a)

x \ yz	00	01	11	10
0	1	1	1	1
1	0	0	0	0

(b)

x \ yz	00	01	11	10
0	0	0	1	1
1	0	0	1	1

(c)

x \ yz	00	01	11	10
0	1	1	0	0
1	1	1	0	0

(d)

x \ yz	00	01	11	10
0	0	1	1	0
1	0	1	1	0

(e)

x \ yz	00	01	11	10
0	1	0	0	1
1	1	0	0	1

(f)

図4.16 1が4つある場合(他の場合は,キューブ†)

その他の方法

ここでは,カルノー図から積和形の簡単なものを視察で求める考え方を紹介したが,より変数の数が多い複雑な回路の設計はどうするかが問題になろう.

このような論理回路の**簡単化**については,長い研究の歴史があり,種々の方法が知られている.最近はいわゆる**CAD**(計算機援用設計)のソフトウェアの

中に組み込まれており，コンピュータでかなりの部分を自動的に設計するようになっている．コンピュータの設計に性能のすぐれたコンピュータが必要というサイクルができるというわけである．なお，ここでは積和形だけを説明したが，出力の否定を考えて設計したほうが簡単になる場合もあるし，積和でなく何段もの回路として設計したほうが全体としては簡単になることもある．このあたりの詳細については論理設計の専門書が多数ある．

まとめ

1 集積回路は集積の程度により，名前が異なる．VLSI は超大規模集積回路を指す．
2 IC の出力電圧と入力電圧の関係が，コンピュータの回路の信頼性にとって重要な意味がある．
3 2値関数の表現法として，関数表とカルノー図，式がある．
4 関数表，カルノー図，式の 3 表現間の相互変換が可能である．表から直ちに得られる積和標準形を学んだ．
5 式から基本ゲートを組み合わせて任意の論理関数が実現できる．
6 また，カルノー図を用いて回路の簡単化ができる．

演習問題

4.1 次の式から，カッコや演算子を可能な限り省いて簡単に表わせ．
$f = (x \cdot y) + \overline{((y \cdot z) + (z \cdot x))}$
$g = \overline{((x \cdot \overline{y}) + (\overline{x} \cdot y))}$

4.2 本文の表 4.8 の性質 3B, 8A, 10A, 18 について証明せよ（→論理式の性質†）．

4.3 図 4.17 のカルノー図から，積和形として，できるだけ簡単な式を導け．

4.4 図 4.18 の回路は表 4.10 に表現される機能をもつ．すなわち，x の値を 0 とすることで，入力 a を選び出力へ a の値を伝え，$x=1$ とすることで，入力 b が選択されて，出力には b が得られる．この機能をもつ回路を **2:1 セレクタ**†(selector)と呼ぼう．x を選択信号（入力），a, b を被選択信号と呼ぶ．x は一種のスイッ

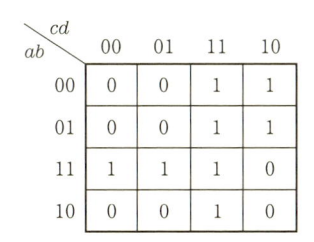

cd\ab	00	01	11	10
00	0	0	1	1
01	0	0	1	1
11	1	1	1	0
10	0	0	1	0

図 4.17 ある関数 f のカルノー図

図 4.18 2:1 セレクタ

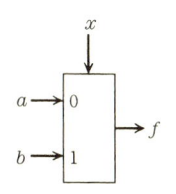

表 4.10 2:1 セレクタ

x	f
0	a
1	b

チみたいなもので，a, b のどちらかを選択して接続する．このセレクタを NOT, AND, OR ゲートを用いて作れ．

4.5 前問の 2:1 セレクタを 3 つ使って，表 4.11 の機能を果たす回路 (4:1 セレクタ) を作れ．なお，選択には x, y 2 つの選択入力を，被選択信号は a, b, c, d の 4 つとなる．なお，あるいは直接，NOT, AND, OR ゲートを使って設計してもよい．

表 4.11 4:1 セレクタ

x	y	f
0	0	a
0	1	b
1	0	c
1	1	d

4.6 4:1 セレクタ 2 つ，2:1 セレクタ 1 つを用いて，8:1 セレクタを作れ．選択信号は x, y, z とし，被選択信号は a, b, c, d, e, f, g, h とする．8:1 セレクタを 2:1 セレクタのみで構成するとすれば，2:1 セレクタはいくつ必要か．

4.7 一般に $2^n:1$ セレクタを，2:1 セレクタを組み合わせて作るとして，2:1 セレクタがいくつ必要か計算してみよ．

4.8 2出力デマルチプレクサ†は，1つの選択信号 x をもち，1つの入力 s を a,b の2つの出力のうちの1つへ伝え，他方は0とする回路である．その機能を表4.12に，ブロック図を図4.19に示す．これを組み合わせて，4出力デマルチプレクサ(選択信号 x,y，入力 s，出力 a,b,c,d)を作れ．

表 **4.12** 2出力デマルチプレクサ

x	a	b
0	s	0
1	0	s

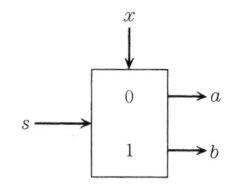

図 **4.19** 2出力デマルチプレクサ

5 データの加工

加算,減算など,コンピュータの中でデータを加工する回路について学ぶ.なお,記述を簡単にするため,以後は1語＝16ビットということで話を進める.必要なら32ビットなどに拡張することは容易である.

5-1 算術演算

16ビットの2つの2進数を加算して16ビットの和を求める回路を考えてみよう.その回路は,図5.1のように,**被加数**†16ビット,**加数**†16ビットの計32入力,そして16出力という回路になる.

この回路は原理的には表で記述できるから,前章でやったように,AND,ORなどの回路を組み合わせて構成することができるように思われるが,それ

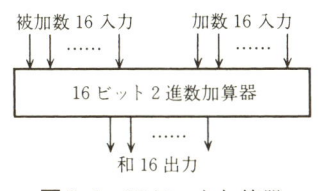

図5.1 16ビット加算器

はむずかしい．というのは，表の大きさが 2^{32} 行で，出力欄が 16 あるという膨大なものになり，とても手におえるものではない．このような問題はそのまま解こうとせず，小さい問題に分解して解くとうまくいくことが多い．そこで発想をかえて，人間が加算をするときのように，下の桁から順に 1 ビットずつ加算する方法を考えよう．

1 ビットの加算

2 進数の加算の例を見てみよう．

```
 1 1 1 1 0 1 0 0 0    桁上げ(carry)   c/d
 0 1 1 0 1 0 1 1 0 0  被加数(augend)  a
 0 1 0 1 1 0 1 0 1 0  加数(addend)    b
 1 1 0 0 0 1 0 1 1 0  和(sum)         s
```

一番下の桁から順に計算を始めていこう．この例では最下位の桁は 0 と 0 の加算であるから和 0，そして桁上げ† 0 とする．あとは各自確認されたい．この計算は，下の桁からの桁上げ d と，被加数，加数のその桁の数 a, b の 3 つのデータについて加算を行ない，和 s と，次の桁への桁上げ c を計算している（ここでは，桁ごとに計算するので，ある桁からの次の桁への桁上げはその桁の回路の出力であるのに対し，次の桁ではその値を入力として考えるので，桁上がりといっても，出力と入力の 2 つの役割がある．そこで，本文では，**入力の方を d，出力の方を c として区別しているのである**）．その結果を表 5.1 にまとめているので，確認されたい．

表 5.1　1 桁の加算

a	b	d	c	s
0	0	0	0	0
0	0	1	0	1
0	1	0	0	1
0	1	1	1	0
1	0	0	0	1
1	0	1	1	0
1	1	0	1	0
1	1	1	1	1

表 5.1 から，和 s，桁上げ c を，下位からの桁上げ入力 d と a,b の式として書くと，次のようになる．

$$s = \bar{a}\bar{b}d + \bar{a}b\bar{d} + a\bar{b}\bar{d} + abd = a \oplus b \oplus d \qquad (*1)$$

$$c = \bar{a}bd + a\bar{b}d + ab\bar{d} + abd \qquad (*2)$$

Q 5.1 (*1) の第2式から第3式の導出を示せ．

カルノー図を描けばわかるように(図 5.2)，c は次のように，さらに簡単化できる．

$$c = ab + bd + da \qquad (*3)$$

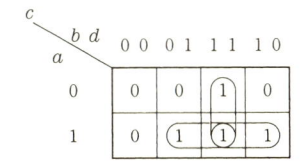

図 5.2 桁上げ c を表わすカルノー図

Q 5.2 式変形で，(*2) から (*3) を導け．

したがって，XOR ゲートと AND ゲートを用いれば，1 ビットの加算をする回路を作ることができる．このようにして得られた1桁の加算のできる回路を，**全加算器**†(full adder, FA) という．それを図 5.3 のように1つの箱として表現する．「全」という言葉がついているのは，下からの桁上げがない場合(最下位桁の場合)の加算をする**半加算器**†(half adder, HA) と対比した用語である．半加算器は全加算器で $d=0$ と固定した回路にほかならない．なお，全加算器の内部の回路をどう作ればよいかを演習問題 5.1 とする．

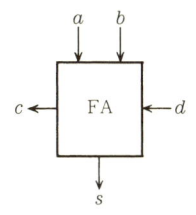

図 5.3 全加算器．$s = a \oplus b \oplus d$, $c = ab + bd + da$

16ビット2進数加算器

さて，問題の16ビット2進数加算器†はどう作ればよいか．図5.3の全加算器が各桁での計算をやってくれるので，これを16個並べればよいということになる．下位の桁からの桁上げ c は，自分の桁の桁上げ入力に接続する．こうしてできる回路は，図5.4のようにきわめて単純な形をしている．d 入力には下位からの c 出力を接続して，桁上げを下位桁から上位桁へ伝えている．なお，最下位の桁へ入る桁上げ信号には，0という定数を入力してやればよい．

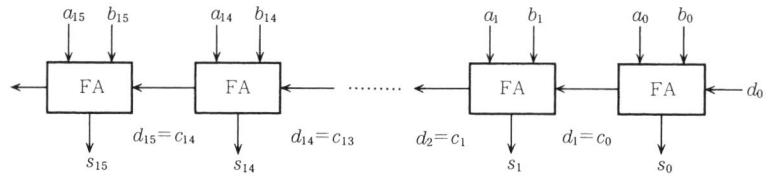

図5.4 16ビット2進数加算器

減算をどうするか

上と同様にして**減算器**も設計することができる．しかし最近のコンピュータの設計の考え方は，それぞれの演算に対して別個の演算器を作るというのでなく，できるだけ1つの演算器で多数の処理を兼用するという方向にある．というのは，演算ごとに演算器をもつのはその演算について最適の設計をすることができるという利点もあるが，データをどの演算器に渡すか，多数の演算器からの出力のどれを受け取るかなどの制御と，そのための配線が非常に複雑になることをむしろ嫌うのである．それで，実は減算も先に作った加算器を少し変更して処理してしまう．その秘密は，第3章で説明した2の補数表現を用いることである．そうすると，まず正負の数がともに扱える．そして，減算 $a-b$ は，$a-b=a+(-b)$ ということで加算にしてしまう．ただしその前に，減数のほうを補数†(つまり，符号の違う数の表現)に変換しなければならない．その方法については第3章で説明したが，数 b の2の補数表現を $[b]$ とするとき，$[-b]$ を求めるのは，

 [1] $[b]$ の1と0を反転する
 [2] 最下位に1を加算する

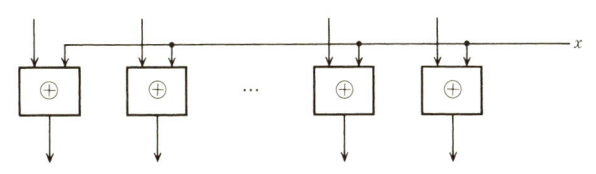

図 5.5　全桁反転回路

という 2 操作を行なえばよい．第 1 操作の反転は，図 5.5 の回路で簡単にできる．⊕は XOR ゲートである．ここで，x という制御信号を 1 にすると全桁の**反転**†が行なわれる．$x=0$ ならそのまま通過させる．それは，XOR ゲートの次の性質を利用している．確認してもらいたい．

$$b \oplus 0 = b \qquad b \oplus 1 = \overline{b}$$

このあと第 2 操作の 1 を加算するというのは，加算器を使って，00…01 を加えるという計算をすればよい．以上をまとめると，加算も減算もできる回路は，図 5.6 のようにすればよいことになる．$x=0$ のときは，加数入力 b はそのまま全加算器 FA に入り，加算が行なわれる．$x=1$ のときは，加数入力 b は反転され，FA には反転入力が入る．そのとき $x=1$ なので，最下位の FA には桁上げ入力として 1 が入る．これも加算されるので，補数を作る第 2 操作と a との加算を 1 つの操作として実行できる．このようにして，$x=1$ とすることで，a から b を減じた結果が出力 s に得られる，つまり減算ができることになる．

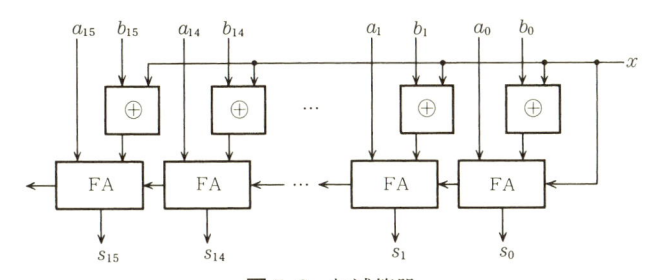

図 5.6　加減算器

5-2 論理演算

ビットごとの演算

コンピュータは単に数値計算だけでなく，各種の記号処理ができることでその活用範囲を広げている．そのためには，ビットを対象とした演算が必要である．これを**論理演算**と呼んでいる．

まず，16ビットの2つのデータ a と b の第 i ビットを，それぞれ $a[i], b[i]$ と表わすことにする．なお，すでに図5.4で，最下位桁を第0ビット，最上位桁を第15ビットとしていることに気づかれたであろう．さて，すべてのビット i ($0 \leq i \leq 15$) について，同時に，

$$g[i] = a[i] \cdot b[i]$$

なる結果 g を求めることを，**ビットごとのAND演算**(bitwise AND)あるいは単にANDと呼ぶ．これらの類似の演算を次にまとめる．

a の通過	$g[i] = a[i]$	($0 \leq i \leq 15$)
b の反転	$g[i] = \overline{b[i]}$	($0 \leq i \leq 15$)
AND	$g[i] = a[i] \cdot b[i]$	($0 \leq i \leq 15$)
OR	$g[i] = a[i] + b[i]$	($0 \leq i \leq 15$)
XOR	$g[i] = a[i] \oplus b[i]$	($0 \leq i \leq 15$)

上の2つを除き，いずれも対応するビットどうしの演算を16ビット同時に行なうものである．反転については前項ですでに検討した．それ以外についても，それぞれの演算専用の回路を作ると考えれば簡単である．しかし，先に述べたように，兼用できる仕事はできるだけ兼用するという方針で考えることにする．そこで加算器をもとに考えていこう．

全加算器の式をもう一度眺めてみよう．

$$s = a \oplus b \oplus d$$
$$c = ab + bd + da$$

ここで，d を0あるいは1に固定すると，表5.2の関係が成り立つ．これでビットごとの演算に必要な機能はほぼそろっていることになる．

表 5.2 ビットごとの演算

	$d=0$	$d=1$
s	$a \oplus b$	$a \oplus b \oplus 1$
c	ab	$a+b$

5-3 算術論理演算部

やや天下り的であるが，以上の考察をもとに作った，加減算とビットごとの論理演算をともにできる**算術論理演算部**(arithmetic logic unit, **ALU**)を図 5.7 に示す．この回路には x, y, z, u, v の 5 つの制御入力が用意されており，a, b の入力に対して次の表 5.3 に示すような出力を g に得ることができる．箱の中に 0,1 の記入のあるものは **2 データ入力のセレクタ**(2:1 セレクタ)である．これは，その箱の横から入る制御入力が 0 なら，2 つの入力のうち 0 側の入力がそのまま出力に得られ，制御入力が 1 なら 1 側の入力がそのまま出力に得られ

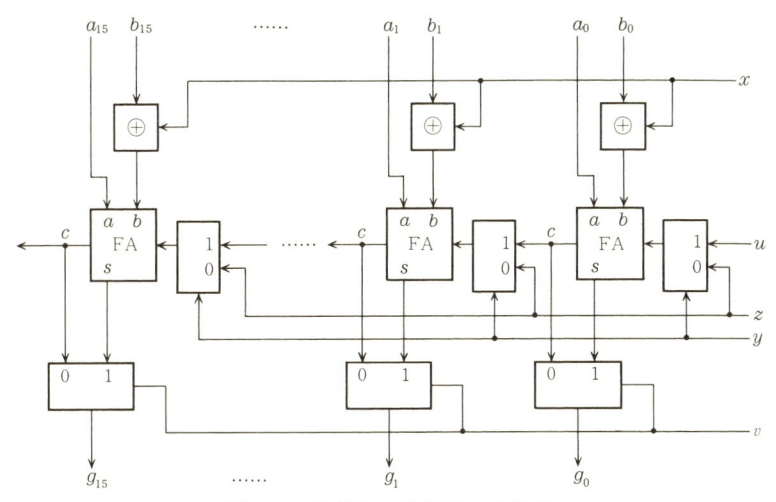

図 5.7 算術論理演算部の実現例

表 5.3　図 5.7 の回路の動作

x	y	z	u	v	演算・出力 g
0	1	—	0	1	a と b の加算
1	1	—	1	1	a と b の減算
0	0	0	—	0	ビットごとの AND
0	0	1	—	0	ビットごとの OR
0	0	0	—	1	ビットごとの XOR

る回路である(第 4 章の演習問題 4.4 参照).

表 5.3 と図 5.7 を対比して確認してほしい.

さらに,もう少し ALU の用途を広めよう.1,0 という数(2 進表現では,0000000000000001 と 0000000000000000)を入力として与えてみると,表 5.4 のような出力を得ることができる.ただし,0 は a 側のみ,1 は b 側のみに入れるとしている.これで,もともと想定した機能以外の演算が可能となる.この方法をとらず,x, y, z, u, v の制御入力に若干の制御入力を追加して実現することもできる.大事なことはここの設計は一案であって,他にもいくつかの設計は可能だということである.いくつかの案を考え,目的にもっとも合致するものを選択することが大事なのである(→別の実現案†).ここでは制御を複雑にせず,入力を 0 または 1 に限定することで機能を増やすことができることに着

表 5.4　定数値入力を利用して,演算の幅を広げる

制御					ALU の出力 g	入力 a	入力 b	定数を与えた ときの出力 g	
x	y	z	u	v					
0	1	—	0	1	$a+b$	a	1	$a+1$	1 加算
0	1	—	1	1	$a+b+1$	a	1	$a+2$	2 加算
1	1	—	1	1	$a-b$	a	1	$a-1$	1 減算
1	1	—	0	1	$a-b-1$	a	1	$a-2$	2 減算
0	0	0	—	1	$a \oplus b$	0	b	b	通過
1	0	0	—	1	$a \oplus \overline{b}$	0	b	$\overline{b}$	反転
1	1	—	1	1	$a-b$	0	b	$-b$	符号反対
0	0	0	—	1	$a \oplus b$	a	a	0	定数 0
1	1	—	1	1	$a-b$	0	1	-1	定数 -1
0	1	—	0	1	$a+b$	0	1	1	定数 1

目した設計を示した．この考えは第8章で1,0という値をそれぞれ与える定数レジスタONE, ZEROを導入して利用する．

判定機能

実用ALUには，このほかに演算結果についての判定機能†が必要である．それは出力gについての判定である．判定項目には表5.5のようなものがあり，それぞれ結果を表示するビットが用意される(7-2, 9-1節参照)．

表5.5 演算結果の判定．各ビットの意味

ビット	1	0
N	$g<0$	$g\geqq 0$
Z	$g=0$	$g\neq 0$
V	オーバーフロー発生	オーバーフローなし
C	最上位からの桁上げあり	最上位からの桁上げなし

Nはnegativeの意味で，ALUの出力gが負のとき1となるビットである．負かどうかの判定は，2の補数表現の場合は簡単で，gの最上位ビットそのものを見ればよい．

Zはzeroの意味で，$g=0$のとき1となる．その判定はgのすべてのビットが0かどうかを見ればよい(演習問題5.2参照)．

Cは最上位桁からの桁上げであり，加算器の最上位桁の桁上げ出力そのものがCである．

Vはオーバーフローを表わしており，オーバーフローの発生したとき1になる．これについては次に説明する．

オーバーフロー

16ビットの2の補数表現で表現可能な数の範囲は$-2^{15}=-32768$から$2^{15}-1=32767$である．計算結果がこの範囲からはみだすことはありうることである．たとえば，

$20000+18000=38000$

で，結果的に表現可能範囲を越えてしまう．これを**オーバーフロー**(overflow)という．このまま計算を続けても意味がないから，オーバーフローが起きたらこれを検知する必要がある．上の例の場合，表現可能範囲を越えて38000とな

ると，これは負の数を表現していることになる．正の数どうしの加算結果が負になったということで，オーバーフローが検出できる．また，負の数どうしを加算して正の結果になればやはりオーバーフローである．正と負，負と正の数どうしの加算ではオーバーフローは発生しない．このように考えると，オーバーフローを検出するためには

$$V = \overline{a[15]}\,\overline{b[15]}\,s[15] + a[15]\,b[15]\,\overline{s[15]}$$

という回路を作ればよいことになる(別のオーバーフロー検知の式もある)．

5-4 シフトとスワップ

　加減算とビットごとの演算は1語単位の計算であるが，このほかに個別のビットやバイト単位の処理のために，シフトとかバイトスワップという操作が必要である．

シフト

　データの内容を，1ビット分，右または左にずらす機能を**シフト**(shift)という．作りたいのは，図5.8のような入出力をもち，表5.6のような機能をもつシフタという回路である．表5.6の実際の動きを図5.9で説明しているので，あわせて見ると理解しやすいであろう．なお，算術左シフトは，表5.6では符号ビットの値が変わらないように決めているが，コンピュータによっては論理左シフトと同じとしているものもある．

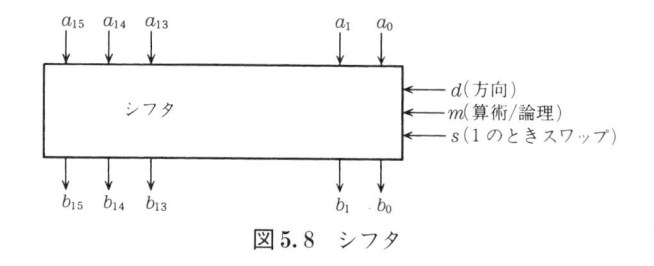

図5.8　シフタ

スワップ

　1語=16ビットであれば，1語に2バイトのデータを収容できる．その2つ

表5.6 シフタの機能(シフト部分のみ)

制御入力			出力			意味
m	d	s	b_{15}	$b_i (14 \geq i \geq 1)$	b_0	
0	1	0	a_{14}	a_{i-1}	0	論理左シフト
0	0	0	0	a_{i+1}	a_1	論理右シフト
1	1	0	a_{15}	a_{i-1}	0	算術左シフト
1	0	0	a_{15}	a_{i+1}	a_1	算術右シフト

```
c d e f g h i j k l m n o p q r        c d e f g h i j k l m n o p q r
↙ ↙ ↙ ↙ ↙ ↙ ↙ ↙ ↙ ↙ ↙ ↙ ↙ ↙ ↙ ↙        ↘ ↘ ↘ ↘ ↘ ↘ ↘ ↘ ↘ ↘ ↘ ↘ ↘ ↘ ↘ ↘
d e f g h i j k l m n o p q r 0        0 c d e f g h i j k l m n o p q
```
(a) 論理左シフト．c は失われる　　　(b) 論理右シフト．r は失われる

```
c d e f g h i j k l m n o p q r        c d e f g h i j k l m n o p q r
↓ ↙ ↙ ↙ ↙ ↙ ↙ ↙ ↙ ↙ ↙ ↙ ↙ ↙ ↙ ↙        ↓ ↘ ↘ ↘ ↘ ↘ ↘ ↘ ↘ ↘ ↘ ↘ ↘ ↘ ↘ ↘
c e f g h i j k l m n o p q r 0        c c d e f g h i j k l m n o p q
```
(c) 算術左シフト．符号桁 c は　　　　(d) 算術右シフト．r は失われる
　　保存し，d は失われる

図5.9 シフタの機能．各ビットを英字1対で表わしている

のバイトを入れ替える**バイトスワップ**(byteswap)という機能も有用である．

スワップの機能は次のように書ける．

$b[i] = a[i-8]$　　　　($15 \geq i \geq 8$)

$b[i] = a[i+8]$　　　　($7 \geq i \geq 0$)

これらシフトとスワップ兼用の機能をもつ回路の実現例を次に示す．制御入力は m, d, s の3つである．

$b[15] = s \cdot a[7] + \bar{s}(\overline{md} \cdot a[14] + m \cdot a[15])$

$b[i] = s \cdot a[i-8] + \bar{s}(\bar{d} \cdot a[i+1] + d \cdot a[i-1])$　　　　($14 \geq i \geq 8$)

$b[i] = s \cdot a[i+8] + \bar{s}(\bar{d} \cdot a[i+1] + d \cdot a[i-1])$　　　　($7 \geq i \geq 1$)

$b[0] = s \cdot a[8] + \bar{s} \cdot \bar{d} \cdot a[1]$

これの回路図を書いてみよ．

まとめ

1. 算術演算をする回路として，もっとも重要なのは加算器である．32ビットの加算器を考えると64入力，32出力という大規模な回路になり，設計は困難になる．そこで，複雑なものは小分けにして考えるという方法をとる．1桁ごとの加算器を作れば，それをつないで何ビットの加算器もできるという考え方である．その基本回路は全加算器である．
2. 減算をするには，$a-b=a+(-b)$ と変形できるので，bの補数を求めて，加算すればよい．補数を求めるのは，各ビットを反転し，最下位に1を加算すればよい．そのことを織り込んだ加減算器は1つの制御入力を持つ回路として，加算器に少しの補助回路を付け加えて実現できる．
3. 論理演算のうち，重要なAND, OR, NOT, XORなどを作るには，専用の回路を作ってもよいが，加算器の一部の入力を特定の値に設定することで，実現できる．そこから，いくつかの制御入力を付け加えて，加算器を拡張しALUを構成できる．
4. 定数入力を与えることでALUの機能を拡充できる．
5. 判定機能，オーバーフロー検出回路も簡単に作れる．
6. シフトとスワップの回路はALUとは別に作る．

演習問題

5.1 (1) 全加算器の s と c を AND, NOT, XOR ゲートを用いた回路で実現してみよ．
(2) また，NAND ゲートのみで実現してみよ．

5.2 16ビットのデータの全ビットが0であるときにのみ1を与える回路を設計せよ．ただし，ゲートの入力はたかだか4入力しか許されないとする（→ファンイン，ファンアウト†）．

5.3 本文では加減算器を加算器をもとに考えたが，ここでは減算器をもとに考えてみよう．そのため，やはり1桁分の全減算器というものを考える．その入出力

を図5.10のように名づける.そして,a, b, d の3入力に対する出力 c(借り,borrow),s(差,difference)を加算器のときと同様に考えて表を作ると表5.7のようになる.このとき,

$a+2c = b+d+s$

の関係が満たされることを示せ.

表5.7 全減算器

a	b	d	c	s
0	0	0	0	0
0	0	1	1	1
0	1	0	1	1
0	1	1	1	0
1	0	0	0	1
1	0	1	0	0
1	1	0	0	0
1	1	1	1	1

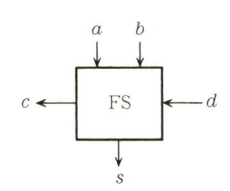

図5.10 全減算

5.4 表5.7からカルノー図を描き,c, s を a, b, d の式で表わせ.この式と全加算器の式を比較し,どこが違うかを述べよ.

5.5 前問の結果からわかるように,加算器と減算器はきわめて類似している.1か所変更すれば兼用できるくらいである.そこで,その変更点に着目することで,加減算をする回路を作れ.

5.6 このようにして作った加減算器に,2の補数表現の数を与えた場合,図5.4の回路と同様の計算ができるかどうか調べよ.

6 順序回路

順序回路は「状態」をもつ回路である．コンピュータは大きくいえば順序回路である．それはすでに説明したゲートと，フリップフロップと呼ばれる回路から構成される．

6-1 順序機械と状態遷移図

世の中の多くの機械は**順序機械**†(sequential machine)としてモデル化できる．順序機械は図 6.1 のように，入力，出力，状態をもち，次の状態は現在の状態と入力によって決まり，出力は状態と入力で決まる．

簡単な自動販売機を考えよう．地下鉄には一定額の乗車券を発売するものがある．ここでは 120 円切符専用の自動販売機の動作を検討しよう．図 6.2 はその自動販売機の**状態遷移図**†(state transition diagram)と呼ばれるものである．

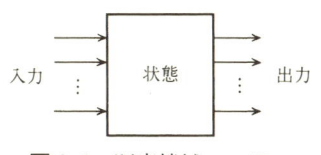

図 6.1 順序機械のモデル

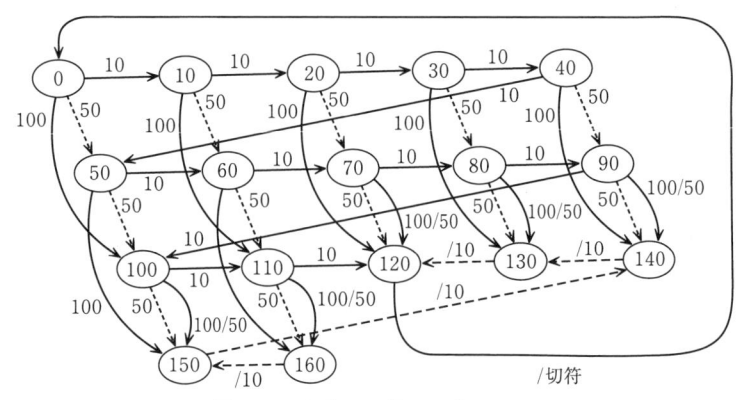

図 6.2 自動販売機の状態遷移図

この図では状態を円で，状態の変化，すなわち遷移を矢印で表わし，その遷移を引き起こす入力を矢印のそばにつけたラベルで表わしている．出力がある場合は，/ のあとに書く．機械の動作を直感的に把握するのに便利である．

表 6.1 図 6.2 に対応する状態遷移表．「次の状態/出力」を示す

現在の状態	入力			入力なし
	10	50	100	
0	10	50	100	
10	20	60	110	
20	30	70	120	
30	40	80	130	
40	50	90	140	
50	60	100	150	
60	70	110	160	
70	80	120	120/50	
80	90	130	130/50	
90	100	140	140/50	
100	110	150	150/50	
110	120	160	160/50	
120				0/切符
130				120/10
140				130/10
150				140/10
160				150/10

状態としては現在の投入金額をとるとわかりやすいであろう．はじめは状態0で始まる．そして10円貨の投入があれば状態10に移り，50円貨の投入があれば状態50に移り，100円貨の投入があれば状態100に移る．なお，500円貨以上の投入は受けつけないとしておく．引き続いて硬貨が投入されるにつれて状態は遷移していく．120という状態からは，切符を出して0という状態に戻る．/の右の出力としては，切符と，おつりは10円と50円という2種類だけを考えている．/のついていない遷移は出力なしの遷移ということになる．なお，この状態遷移図を，表6.1のように表の形で表現することもあり，**状態遷移表**[†]と呼ぶ．各行は現在の状態で，入力欄の列が入力に対応する．各欄には次の状態と出力を/で区切って書くが，出力がない場合は単に状態を書いている．

6-2 順序回路とフリップフロップ

順序機械を実際に実現するには，一般に図6.3のように，状態保持部と，状態遷移と出力を決定する遷移・出力決定部分をもつ**順序回路**[†](sequential circuit)として構成する．遷移・出力決定部分は前章までに説明したゲートで構成され，その動作が関数表で記述される回路(これを**組合せ回路**[†]という)で作り，状態保持部には，これから説明するフリップフロップを用いる．

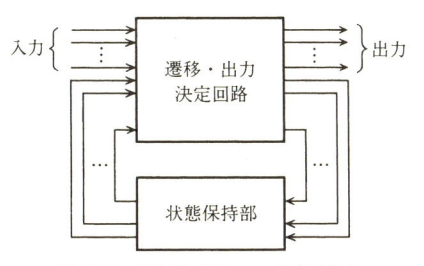

図6.3 順序回路の一般的構成

フリップフロップ[†](flip-flop)は，順序回路を構成するために必須の重要な回路である．それは1ビット分のデータを記憶する素子で，外からの信号によって，記憶状態を変えられる．それにはいくつかの種類があり，Dフリップフロップ，RSフリップフロップ，JKフリップフロップなどが使われる．

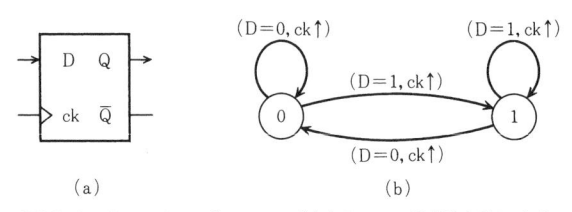

図6.4　Dフリップフロップ(a)とその状態遷移図(b)

Dフリップフロップ

Dフリップフロップという回路は，それ自身2つの状態をもつ順序回路である(図6.4)．入力はDとck，出力はQと$\overline{Q}$である．ck入力はクロック入力といい，小さい3角形で表わしている．Dフリップフロップの状態は，出力Qとしてつねに外にわかるようになっている．また，$\overline{Q}$のほうは，状態変化するごく短い間は別として，普通のおちついた状況ではQの否定を出力する．Dフリップフロップの動作を図6.4(b)に状態遷移図で書いてある．ここで，遷移の条件が(D=0,ck↑)となっているのは，D入力が0で，かつ，ck入力が0から1に変化する瞬間，という意味である．いいかえれば，Dフリップフロップの動作は，クロックckが0から1に変化するときのDの値によって次の状態が決まる，すなわち，D=0なら次の状態は0で，D=1なら次の状態は1になる，という単純なものである．このように，ckが0から1に変化するときをきっかけとして動作するDフリップフロップを**前縁トリガ型**[†](leading edge trigger)であるという．これに対して，図6.4の↑を↓に取り替えたものを**後縁トリガ型**[†](trailing edge trigger)のDフリップフロップといい，ckが1から0に変わる瞬間をきっかけに状態遷移する．図6.5でDフリップフロップの動作を説明する．

図6.5では，左から右に時間が経過するとして，3つの信号の時間変化を示している．一番上はckという信号で，Dフリップフロップへ入力されるクロック入力である．また，DはDフリップフロップへのD入力に与えられる信号入力である．Q_1は前縁トリガ型のフリップフロップの状態(Q側出力)を表わしている．一番下には，クロックの変化の時点を番号で示している．

まず，前縁トリガ型のDフリップフロップでは，クロックが立ち上がるとき

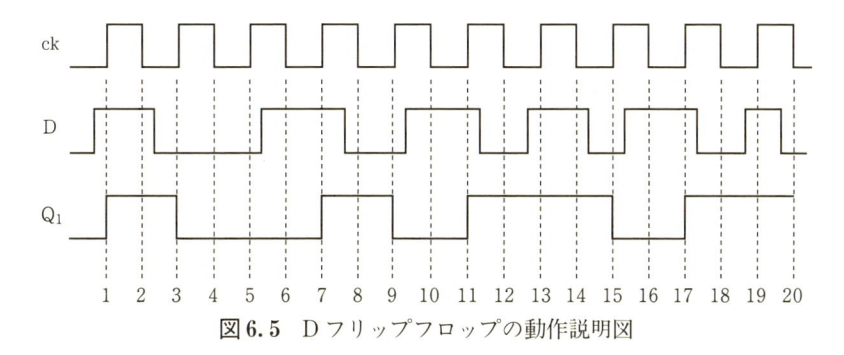

図 6.5 D フリップフロップの動作説明図

の，D 入力で以後の状態が決まる．1 の時点での D 入力は 1 なので，Q_1 はその後状態 1 になる．次にクロックが立ち上がるのは，3 の時点である．このとき，D 入力は 0 に変わっているので，状態は以後 0 に変わる．このように，前縁トリガ型のフリップフロップでは，クロックの立ち上がる奇数の時点で，状態が変化する．

Q 6.1 後縁トリガ型の D フリップフロップの場合は，クロックの立ち下がりで，D 入力をサンプルし，それが 1 なら状態を 1 に，0 なら状態を 0 にする．次のクロックの立ち下がりまでは，それを保持する．その場合の図を図 6.5 のクロックと D 入力の場合を想定して描いてみよ．

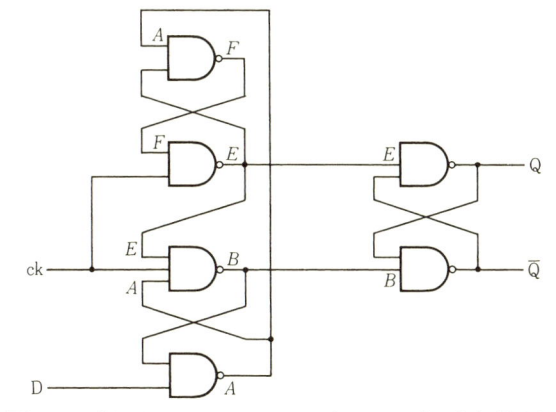

図 6.6 前縁トリガ型 D フリップフロップの内部構成例

図 6.6 のように,フリップフロップの回路もゲートを組み合わせて作っているが,その特徴は内部に,2 つの NAND(あるいは NOR)ゲートを環状に接続した部分が含まれていることである.これによって状態をもつ,いいかえると,記憶作用をもつようになっている.このような D フリップフロップは実際に IC として市販されている.

JK フリップフロップ

JK フリップフロップの動作を,図 6.7 に状態遷移図と状態遷移表で表わす.ここでは前縁トリガ型として記述している.遷移表では今の状態を Q として,クロックによる状態遷移が起こった結果どういう状態になるかが「次の状態」欄に記述されている.D フリップフロップとの違いは,クロック入力以外に 2 つの入力 J, K をもつことである.そして,J, K の値によって,4 通りの動作をする.$J=K=0$ のときは,それまでの状態を保持する.そのことを状態遷移表では,Q で表わしている.$J=0, K=1$ のときは,リセットと説明しているが,状態はそれ以前の状態が何であっても 0 になる.また,$J=1, K=0$ のときは,セットといい,それ以前の状態にかかわらず 1 になる.そして,$J=K=1$ のときは,反転としているが,それ以前の状態と逆の状態に変わる.

遷移図では,2 つの状態から,4 本の遷移の矢線がでている.たとえば,状態 0 から,$J=1$ でクロックの前縁が来ると,状態は 1 に遷移するということが表わされている.$J=1$ なら,K は 0 でも 1 でも同じ動作をするので,K の方は省略して書けるのである.他の 3 本の遷移も同じような事情である.なお,後縁トリガ型の場合は,状態遷移図で,ck↑ を ck↓ と読み替えればよい.

J	K	次の状態	
0	0	Q	保持
0	1	0	リセット
1	0	1	セット
1	1	$\overline{Q}$	反転

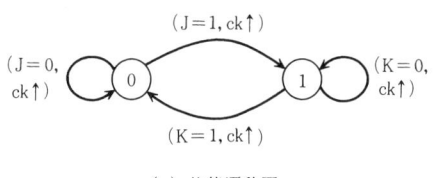

(a) 状態遷移図

(b) 状態遷移表

図 6.7 JK フリップフロップ(前縁トリガ型)の動作

6-3 カウンタ

フリップフロップを用いた順序回路の例をあげて，具体的に見ていこう．一般に，数を数える機能をもつ回路を**カウンタ**[†](counter，計数器)という．図6.8はカウンタの一例である．図6.3と照らし合わせると，入力はC，出力はA_0，A_1, A_2, A_3の4通りで，状態保持部に4つのDフリップフロップを用いている．

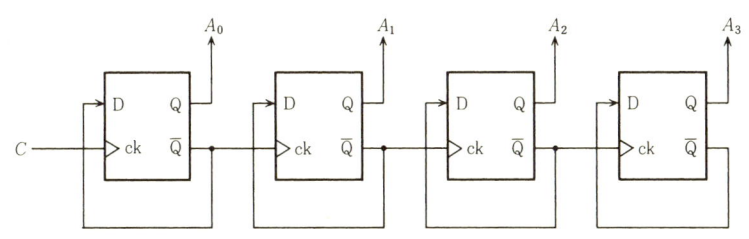

図6.8 非同期16進カウンタ．前縁トリガ型Dフリップフロップを使用

はじめは第0段(左端)のフリップフロップに着目する．D入力には自分の$\overline{Q}$出力が接続されており，ckには外部からのCという信号が接続されている．いま，Q=0である(ということは，D入力は1である)とすると，Cが0から1に変化するのにともない，フリップフロップは状態1に変化する．そして，Cが0に変化してもそのままである．このときQ=1，すなわち，D入力=0と変わる．そこで，Cがふたたび0から1に変化すると，それにともなってフリップフロップは状態0に変化する．つまり，入力Cの2サイクルでDフリップフロップは1サイクルの変化を示す．この間の状況を図6.9に示している．こ

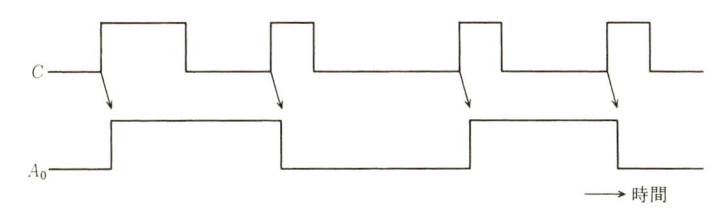

図6.9 クロック入力Cと1段目出力の波形

の図は**タイムチャート**とか**タイミング図**と呼ばれる．

図 6.8 の 2 段目以降をみよう．いずれも，前の段のフリップフロップの $\overline{Q}$ 出力が自分のクロック入力となっている．また，自分の $\overline{Q}$ 出力が自分の D 入力に接続されていることは 1 段目と同じである．このことから，いつもクロックの前縁で，自分の状態を反転するという動作をすることになる．これから，全体の回路の動作は，図 6.10 に示すようになる．

図 6.10 では，A_0 が変化するのにともない，2 段目は，1 段目の $\overline{Q}$ が 0 から 1 に変化するたびに状態を変化させる．3 段目，4 段目も同じで，前段の $\overline{Q}$ が 0 から 1 に変化するたびに状態が反転する．図では各段とも $\overline{Q}$ でなく，Q の方を図示しているので，矢印は立ち下がりのところについている．

なお，図 6.9 の図では C は不規則なものとして書いてみたが，これが規則的なパルス列であったとすると，図 6.10 のようになる．横軸は時間で，縦方向に 5 つの信号の変化が示されている．はじめはすべて 0 であるとして書いてある．小さい矢印で，一方の変化が他方の変化の原因となっているという因果関係を示している．実際には，ck 入力が 0 から 1 へ変化するのにともなって状態 Q および $\overline{Q}$ が変化するというとき，当然，若干の時間の遅れがある．回路方式にもよるが，たとえば数ナノ秒(10^{-9} 秒)程度遅れて効果が現われる．最初の C の

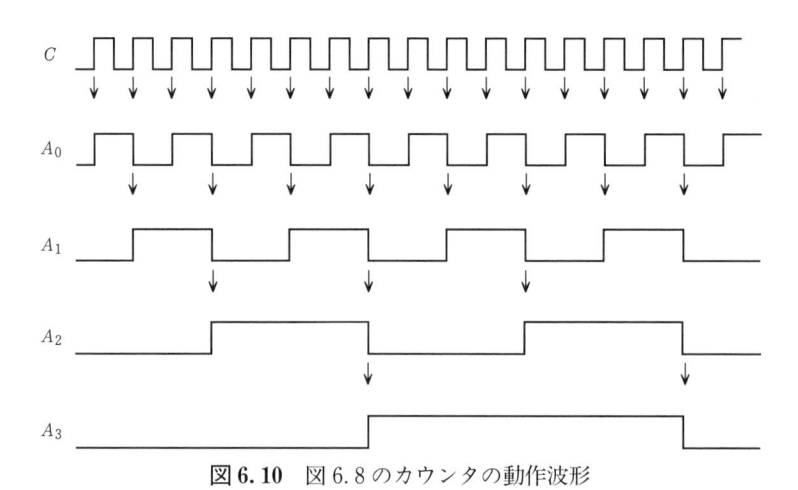

図 **6.10** 図 6.8 のカウンタの動作波形

入力によってあとの段が順に変化していくので，こまかく見ればうしろのほうほど変化は遅い．しかしそれはごく短い時間であり，C が 0 から 1 に変化してすべての段の変化が終わった時間で状態をとらえることにすれば，図 6.11 のような状態遷移図が描けるであろう．

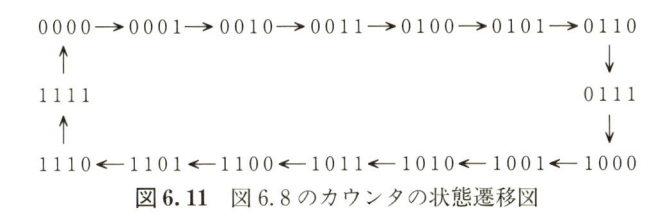

$$0000 \to 0001 \to 0010 \to 0011 \to 0100 \to 0101 \to 0110$$
$$\uparrow \hspace{9em} \downarrow$$
$$1111 \hspace{8em} 0111$$
$$\uparrow \hspace{9em} \downarrow$$
$$1110 \leftarrow 1101 \leftarrow 1100 \leftarrow 1011 \leftarrow 1010 \leftarrow 1001 \leftarrow 1000$$

図 6.11 図 6.8 のカウンタの状態遷移図

Q 6.2 ここではDフリップフロップを使っている．$\overline{Q}$ 出力を自分のD入力に戻すことによって，反転動作をさせている．JK フリップフロップは反転を J=K=1 で設定できる．D フリップフロップの代わりに JK フリップフロップを使う回路を作ってみよ．

なお，図 6.11 の状態成分は A_3, A_2, A_1, A_0 の順に書いてある．遷移を起こす入力はとくに記入していないが，C 入力の 0 から 1 への変化 $C\uparrow$ である．

図 6.11 を見ると，4 桁の 2 進数を順に経由してもとに戻っている．これは 2 進表現で，$0, 1, 2, \cdots$ と数えていき，15 まで数えて 0 に戻る．数を数えるという基本的な動作をすることからカウンタと呼ぶ．また，16 数えて元に戻るので，**16 進カウンタ**とも呼ぶ．このカウンタを 2 段つなげば，16 進 2 桁の計数ができることになる．

Q 6.3† 10 進 1 桁に相当する 10 進カウンタを作ってみよ．これは 9 まで数えてつぎは 0 に戻る必要がある．交通量調査などで，数取り器と呼ばれるものを使って，たとえば，トラックを見つけるたびにトラックを記録する数取り器のレバーを押して数を数えている．これは 4 桁までカウントできるものが一般的に市販されている．この機械式の数取り器は電源もいらないので簡便に使える．しかし，電子回路で作ることも容易であり，その第一歩は 1 桁の 10 進カウンタである．

クロックパルス

カウンタ回路は実際によく用いられる．いわゆるクォーツ時計は，**水晶発振**

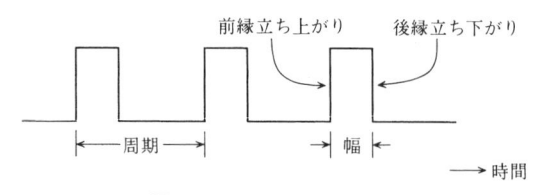

図6.12 クロックパルス

器†という非常に精度のよい信号源から等間隔の**クロックパルス**†を得て，それをカウンタで数えている．クロックパルスとは，図6.10のCの波形のように，規則的に0と1を繰り返す電気信号をいう（図6.12）．それを順序回路を動作させる時間軸の基準として用いる．こういう基準があれば，これまであいまいに使ってきた「次の状態」ということばも明確になる．

さてクォーツ時計†であるが，たとえば32768 Hzの水晶発振器を使うとすると，32768回パルスを数えれば1秒ということになる．実は上のカウンタは，最初32768 Hzのクロック入力があると，第1段のフリップフロップの出力の周波数は半分の16384 Hzということになる．その次は，そのまた半分の8192 Hzとなる．こうして，周波数を次々と半分にできる（そこでこのような回路を**分周器**と呼ぶこともある）．そこで，上のようなカウンタを用いるとすると，15段で2^{15}まで数え，それで秒針を1回動かすようにする．

パソコンやワークステーションの性能をいうのに，クロックは500 MHzであるなどという．コンピュータのCPUは水晶発振器の信号をもとにして正確なクロックパルスを発生し，それに同期して動作するようにしている．これはそのクロックの周波数を言っているのである．システム内が1つのクロックパルスをもとに動作する同期式回路†として実現しているわけである．

6-4 順序回路の設計

状態遷移図（あるいは状態遷移表）を出発点として，簡単な順序回路を作ってみよう．図6.13(a)のような回路を，クロックckを利用して，クロックの前縁での値を基準に設計するものとする．作るべき順序回路は図6.13(b)の状態遷

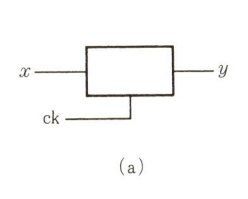

	次の状態/出力 y	
	入力 x (ck↑)	
現在の状態	0	1
a	$c/0$	$d/0$
b	$b/0$	$a/0$
c	$d/1$	$c/0$
d	$b/1$	$a/0$

(a)

(b)

図 6.13 ある順序回路(a)とその状態遷移表(b)

移表で与えられるものとする．このように，状態遷移表，あるいは，図は出来上がった回路の動作を記述するということにも，作るべき順序回路の仕様を示すのにも使う．

ここで，抽象的に与えられた状態 a, b, c, d は $0, 1$ の組合せで符号化する．たとえば，a, b, c, d を順に $00, 01, 10, 11$ と符号化すれば，この4つの状態を区別できる．そしてこれらを2つのDフリップフロップ A, B の状態の組合せで表現することにする．

このように，抽象的に与えられた状態を具体的な0と1の組合せで表現することを**状態割り当て**[†](state assignment)という．そのようにして図6.13(b)を書き直すと表6.2を得る．Dフリップフロップは D 入力がそのまま次の状態となるので，次の状態を1にしたければ，その D 入力が1となるようにすればよい．次の作業は，Dフリップフロップの入力を，現在の状態と入力の関数として書くことである．A, B の D 入力をそれぞれ A_D, B_D と表わすと，図6.14のようになる．これから

表 6.2 状態割り当て後の状態遷移表．遷移は ck↑ による

現在の状態	次の状態 $A\ B$		出力 y	
$A\ B$	$x=0$	$x=1$	$x=0$	$x=1$
0 0	1 0	1 1	0	0
0 1	0 1	0 0	0	0
1 0	1 1	1 0	1	0
1 1	0 1	0 0	1	0

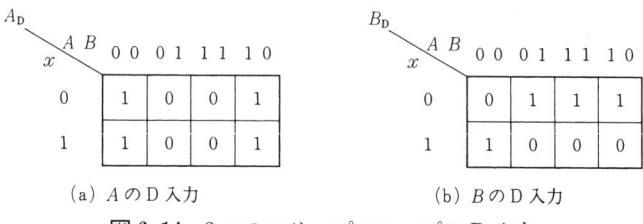

	A B				
A_D		00	01	11	10
x	0	1	0	0	1
	1	1	0	0	1

(a) A の D 入力

	A B				
B_D		00	01	11	10
x	0	0	1	1	1
	1	1	0	0	0

(b) B の D 入力

図 6.14　2 つのフリップフロップの D 入力

$A_D = \overline{B}$

$B_D = x \oplus (A+B)$

である．また，出力関数 y も同様に求めることができる．

$y = A\overline{x}$

これから，図 6.15 の回路を得る．ここで ck が与えられている．前縁トリガ型のDフリップフロップとすれば，ck 入力の立ち上がりの入力および状態を現在の値として，状態遷移と出力をする．もちろん，状態を回路的に変えるには若干の時間遅れがあるが，クロックの周期をその遅れが影響しない程度に選択するとよい．

　基本的に順序回路の設計はこのようにすればよい．別にそうむずかしいこと

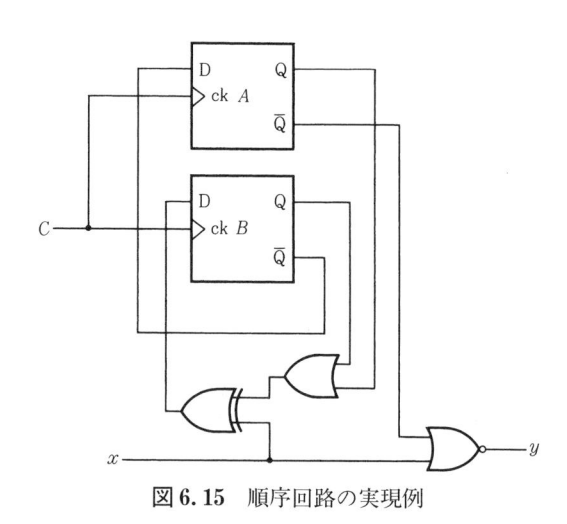

図 6.15　順序回路の実現例

ではない．この作り方なら，どんな状態遷移表を与えられても，Dフリップフロップを必要個数用い，次の状態を決めるそれぞれのD入力と，出力を現在の状態と入力との関数として書き下せるから，順序回路に実現できることはあきらかであろう．その意味で，ここに示した構成法は一般的な方法につながる．ただ，より「経済的に」という要求がつくと，いくつかの実現の可能性からよいものを選択するということになり，種々の問題が出てくる．順序回路の設計は古くから詳しく研究されており，現在はCADシステムでかなりよい設計ができるようになっている．

ま と め

1. 順序回路は状態をもつ回路である．次の状態は，現在の状態と入力で決まる．出力は状態と入力で決まる．
2. Dフリップフロップ，JKフリップフロップなど，フリップフロップと呼ばれる基本回路は1ビットを記憶する回路で，クロック信号で入力信号をサンプルし，それによって，状態を変化(遷移)させる．
3. クロックパルスは水晶発振器から高精度の時間間隔で取り出され，その前縁，後縁で状態遷移を行なうフリップフロップは前縁，後縁トリガ型のフリップフロップと呼ばれる．
4. カウンタは単純な順序回路の例である．クォーツ時計は，水晶発振器からの精度の高い信号をカウンタで数え，時刻を決めている．
5. 順序回路は抽象的な状態を，フリップフロップの状態で表現(状態割り当て)して実現できる．

演習問題

6.1 図6.2の自動販売機では，おつりの取り忘れを防ぐため，先におつりを出してから切符を出すように設計した．180円など別の切符の場合や，500円貨の使用も許した場合などを想定して設計しなおしてみよ．

6.2 組合せ回路と順序回路の違いを説明せよ.

6.3 順序機械の例を探せ.そしてその状態数を見積もれ.あまり状態数が大きくなく,かつ面白そうな例を選んで状態遷移図を描いてみよ.

6.4 JK フリップフロップは図 6.7(b) の状態遷移表で表わされる.これをもとに,6-4 節の方法で,D フリップフロップを用いて JK フリップフロップを実現できる.その回路を作ってみよ.また,JK フリップフロップを使って D フリップフロップを作ってみよ.

6.5 図 6.16 の順序回路の状態遷移図を描け.前縁トリガ型の D フリップフロップを用いている.

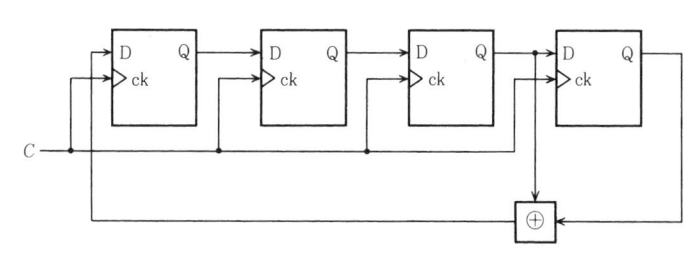

図 6.16 あるフィードバックシフトレジスタ回路

6.6 図 6.17 の順序回路はどう動作するか説明せよ.ただし,L 入力の入っているのはセレクタで,$L=0$ のときは,その箱の 0 側の入力を出力にそのまま伝え,$L=1$ のときは,1 側の入力をそのまま出力に伝える.

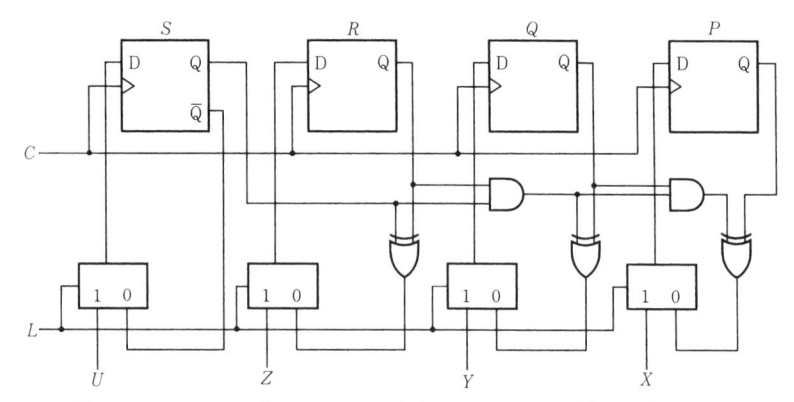

図 6.17 データ入力 U, Z, Y, X をもつカウンタの例.下方の 4 つの箱はそれぞれ 2:1 セレクタ

6.7 σ=1にしておくと，クロック0が来るたびにカウントが1増え，σ=0にしておくと，クロック0が来るたびにカウントが1ずつ減っていくカウンタを作れ．

6.8 最近の自動販売機は高度な機能をもつものが増えている．身近の自動販売機でどういう入力があり，どういう出力があるかを調べ，どのような状態遷移をしているかを推測してみよ．入力は通常，コインの投入，ボタンの押下げ，出力はおつりをかえす，商品を出す，また，表示を出すことも重要な出力である．投入金額によって押せるボタンの範囲が変わるものもある．

6.9 順序回路の設計手順をまとめてみよ．

7 コンピュータへの命令

コンピュータの中心部であるCPU(中央処理装置)の機能を，プログラマの眼から見てみよう．コンピュータに与える命令はどのようになっているのだろうか．

7-1 PDP-11 の構成

以下の説明を具体的なものとするために，往年の名機といわれる，ディジタルイクイップメント(DEC)社製のミニコンピュータPDP-11†を例に述べることにする．以後のミニコンピュータ†やマイクロプロセッサ†には，これに影響を受けた構成のものが少なくない．

まず，そのハードウェアの構成を見ていこう．PDP-11は16ビットの2の補数演算を用いている．また，CPUは8個の16ビット汎用レジスタ†(general register)をもつ．これは，主記憶から読み込んだデータを一時的に記憶するためのものである．これらを以下，R0, R1, …, R7と呼ぶ．

PDP-11の主記憶にはバイト単位で番地がふられている．1語は2バイト(16ビット)で，下位バイトは偶数番地，上位バイトは奇数番地となる(図7.1)．語をアクセス†(読み書き)するときはつねに偶数番地でアクセスする．バイト単

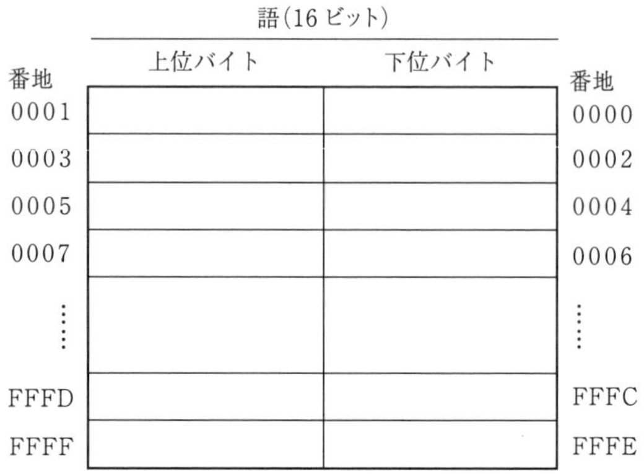

	語(16 ビット)		
番地	上位バイト	下位バイト	番地
0001			0000
0003			0002
0005			0004
0007			0006
⋮			⋮
FFFD			FFFC
FFFF			FFFE

図7.1 PDP-11 の主記憶の構成

位で番地がついているほかに，バイト単位の命令も用意してあり，文字列処理にも便利である．図7.1の番地は16進表現である．

以上基本的な構造を述べたが，それぞれについて説明をする．

R0,…,R7 は汎用レジスタである．これは一時的に計算中のデータを置くのによく使われる．いわば，作業用のデータ置き場という使い方が多い．また，データのありかを示すのにも使う．そのうち，R7, R6 は次に述べるように特定の役割にも使われている．

まず，R7 は，次に実行すべき命令の番地を保持する**プログラムカウンタ**†(PC)として用いられる．PC を汎用レジスタとしても使えるようにしたことで面白い利用ができるのが，PDP-11 のひとつの特徴であった．これについては後のアドレシングモードのところで具体的に効用がわかる．

また，R6 は，サブルーチン呼び出し(7-3節参照)や割り込み(2-2, 8-2節参照)の際に利用される**スタックポインタ**†(SP)としても用いられる．

また，16ビットの**プログラムステータスワード**†(program status word, PSW)と呼ばれる特別のレジスタがある．これはプログラムの実行状態に関するいくつかの情報を集約したものである．もっと複雑なコンピュータになると，この部分にも多くの情報が必要となる．PSW の構成は図7.2のようになっている．

第 5 章でも述べた演算結果の判定を行ない，その結果を集約して，ここの N，Z，V，C に表示する．ただし，4 ビット目の T は，これを 1 にすると，1 命令ごとに**トラップ**[†](trap，一種の割り込み) をかけるという機能で，**デバッグ**[†]のために用意されているもので判定結果とは異質のものである．ビット 7 からビット 5 の 3 ビットは，CPU で現在実行されているプログラム(タスク)の**優先度**[†](priority)を表示している．3 ビットなので，0 から 7 の 8 段階の優先度を扱える．これは割り込み制御のために使用される．この PSW というレジスタにも $FFFE_{16}$ という番地がついており，命令によってここに読み書きできる．

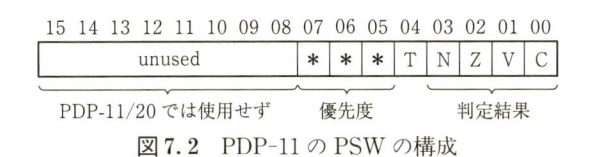

15 14 13 12 11 10 09 08	07 06 05	04	03	02	01	00
unused	* * *	T	N	Z	V	C

PDP-11/20 では使用せず ／ 優先度 ／ 判定結果

図 7.2　PDP-11 の PSW の構成

7-2　命令セット

コンピュータが理解できる命令の全体をそのコンピュータの**命令セット**[†](instruction set)という．PDP-11 の命令セットは約 70 の命令を含む．その指定に必要なビット数が命令によって異なるので，これはいくつかのタイプに分かれ，命令の内容ごとに指定する事項が異なる．図 7.3 に PDP-11 の命令の形を示す．それぞれの命令は，他の命令と識別できるように，**命令コード**[†](operation code)という部分(図では opcode と略記している)を必ず含み，それ以外に各種の指定を必要とする．1 語の中に役割が異なる部分がいくつか含まれている．これら，1 つの役割を果たすビットの並びを**フィールド**[†](field)という．図の①の命令では，opcode と書いた命令コードフィールド(ビット 15-06)と dst と書いたデスティネーションオペランドフィールド(ビット 05-00)の 2 つのフィールドからなる．②の 2 オペランド命令では，3 つのフィールドからなるし，③の 0 オペランド命令は opcode のフィールドだけである．

Q 7.1　どういう命令があるかはこの先に順に見ていくが，計算機に発する命令と

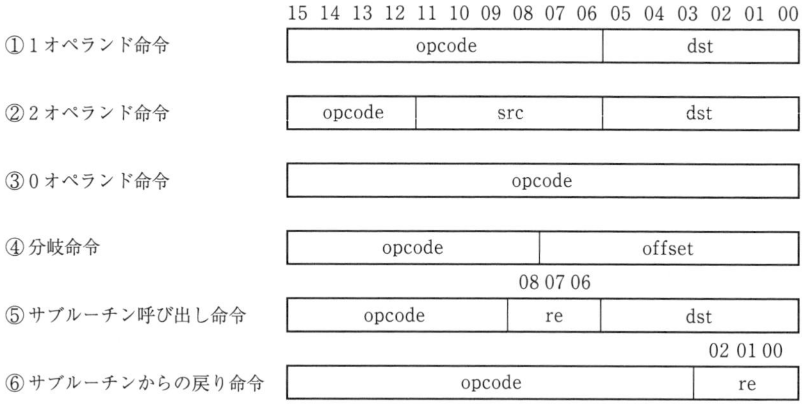

```
                    15 14 13 12 11 10 09 08 07 06 05 04 03 02 01 00
① 1オペランド命令    |      opcode       |        dst        |

② 2オペランド命令    | opcode  |   src   |        dst        |

③ 0オペランド命令    |              opcode                   |

④ 分岐命令          |      opcode       |      offset       |
                                          08 07 06
⑤ サブルーチン呼び出し命令 | opcode      |  re   |    dst    |
                                                     02 01 00
⑥ サブルーチンからの戻り命令 |        opcode        |   re    |
```

図 7.3 命令のフィールド配置．re はレジスタ指定

して，どういうものがあるか想像してみると面白い．コンピュータが無い時代に，コンピュータをはじめて作ろうとした人々の気持ちになって，どういうことをコンピュータにして欲しいと考えたか，それを考えてみて，以下の実際に作られたコンピュータの命令と比べてみると，新しい発見があるかもしれない．

命令は，「なにをどうする」という「目的語と動詞」的なものと，単に「どうせよ」を指定する「動詞」的なものとがあるが，目的語に相当するものがオペランドである．なにについて，どういうことをするか，それを指定するのが命令である．また，一種の修飾語に相当する指定を含めることもある．たとえば，データを送る命令で，語単位で送るか，バイト単位で送るかを分けることができる．

図7.3の①1オペランド命令では，dst と書いてある6ビットは**デスティネーションオペランド** (destination operand) の指定である．また，②2オペランド命令では，最初の4ビットが命令コードで，**ソースオペランド** (source operand) の指定 src を含んでいる．

これらの**オペランド**†について説明しよう．先ほども述べたが，命令の動詞に相当するのが，オペレーション（操作，それを表わすのがオペレーションコード）で，命令の目的語に相当するのが，オペランドである．オペランドはオペレ

ーションの対象，操作対象である．

　たとえば，データを転送する命令なら，転送の仕方，もとのデータ，データの送り先を指定する必要がある．PDP-11 の場合，転送の仕方は 1 バイトデータの転送か，1 語データの転送かを指定できる．src で指定されたデータを dst で指定されたところへ，1 語(あるいは 1 バイト)転送することになる．たとえば，

　　　MOV　A，B

という命令は，A から B へデータを転送するということを表わす．この場合，MOV はオペレーションを，転送元の A はソースオペランド，転送先の B はデスティネーションオペランドである．また，バイト転送は，MOVB と B がついた命令になり，

　　　MOVB　A，B

は，A から B へ 1 バイト転送する事を意味する．つまり，バイト転送を指定している．

　Q 7.2　転送と言っているが，郵便物などの転送では，A にあるものを B に転送すると，A にはなにも残らない．この場合はどうなのか．

　ここでの MOV とか，MOVB というのはアセンブリ言語での表現で，機械語のフィールドにそう書くわけではない．機械語のオペレーションコードフィールドには，MOV，MOVB それぞれ，0001，1001 という 4 ビットで表わす．各命令のオペレーションコードがどうなっているかなどの詳細は後で表を用いて説明する．2 進の 0001，1001 などは一見して意味がわかりにくいので，人間にわかりやすい表現として，**アセンブリ言語**† レベルでは，MOV，MOVB などのわかりやすい表現を用いる．以下でも，機械語表現とアセンブリ言語での表現をともに用いる．

　他の命令の形も簡単に見ておこう．データ加工の命令として，加算なら

　　　加算　：　被加数　＋　加数　→　和の格納先

ということになる．このまま作ろうとすると，オペランドの指定が 3 つも必要となるが，そのすべてを指定すると命令が長くなり，命令の取り出しにも時間がかかって効率が悪いので，PDP-11 では第 1 オペランド(被加数)と第 3 オペ

ランド(和)は同一として，2つのオペランドを指定することとしている．すなわち，

　　加算　：　src　＋　dst　→　dst

という形である．具体的には dst オペランドに src オペランドを加算するということにしている．したがって src オペランドの内容は変わらないが，dst オペランドのほうは和が入る．具体的には，

　　ADD　A, B

という命令で，A と B を加算して，その和が B に入れられる．

減算の場合は

　　減算　：　dst　－　src　→　dst

で，dst オペランドから src オペランドを引くと考える．src オペランドは影響を受けないが，dst オペランドは減算の結果が残る．

このように，②のように，もともと 2 つのオペランドをとる命令は，dst オペランドにその結果が入るということにして，2 つのオペランドの指定だけですむようにしている(→演習問題 7.7)．

③の 0 オペランド命令は，オペランドの指定は不要で，全体が命令コードの指定になっている．たとえば，「停止せよ」(HALT) という命令は，オペランドは必要なく，この命令をうけとれば，コンピュータは停止すればよい．

④の分岐命令では，分岐条件が成立したときにどこへ飛ぶかを指定するオフセット (offset) という 8 ビットのフィールドがある．これについては後で説明する．

⑤⑥の命令では，re と書いたレジスタ番号の指定フィールドがある．これらの詳細は別に説明する．

命令コードは，命令を取り出したとき，それがどの命令であるかがあいまいさなく決まるように決定しなければならない．PDP-11 の実際の命令の形は，あとの表 7.2 で紹介するが，この条件を満たすように決められている．

Q 7.3　表 7.2 についてこれは本当にそうなっているか．よく表をみて検討されたい．その際，PDP-11 の命令のオペレーションコードは 70 いくつかの命令を区別すればいいので，7 ビット使えば済む．ところが，図 7.3 をみると，4 ビットのオ

ペレーションコードの命令や，10ビットのものなどが混ざっている．これは本当に合理的なのだろうか．どこか無駄がないだろうか．困ることはないのだろうか．

オペランドの指定

オペランド，すなわち演算の対象となるデータは，汎用レジスタと主記憶，に置かれている．汎用レジスタは8個なので3ビットで番地を指定できるのに対し，主記憶は番地の指定に16ビットを必要とする．それをどううまく表現するかがPDP-11設計の際の1つのポイントであっただろう．また，単に番地を指定するだけでは高度なソフトウェアを作成するには不便である．インデクス修飾，間接番地，直接データなど，プログラムを作成するうえで必須の機能がある．それらの要求をもうまく取り込んで，図7.4のように，オペランド指定6ビットのはじめの3ビットでモード指定(8通り)，あとの3ビットでレジスタ指定(8個)という方法をあみだした．その後の多くのCPUがこのような方法を採用している．8種のモードについては表7.1と図で説明する．

```
モード指定  レジスタ指定
| m | m | m | r | r | r |
```

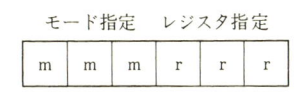

図7.4 オペランドsrcとdstの形式

表7.1 主なモードの意味

	モード	オペランド
0	レジスタ	R
1	間接	M[⟨R⟩]
2	自動加算	M[⟨R⟩]をオペランドとする．その後，Rの内容を語命令の時は2，バイト命令の時は1加算する．
4	自動減算	まず，語命令なら2，バイト命令なら1をRから引き，M[⟨R⟩]をオペランドとする
6	インデクス	M[⟨R⟩+X]

mmm部(モード部)3ビットで，8つのモードの1つを指定する．mmmがたとえば，010なら，モード2，表7.1から自動加算アドレシングモードと決まる．また，レジスタ指定部の3ビットrrrでやはり8つのレジスタの1つを指定できる．そこで，指定されたレジスタをRとし(R0からR7のどれか)，その

レジスタRの内容を〈R〉と表わしている．また，主記憶Mの番地aをM[a]，その内容を〈M[a]〉と表わす．命令のあとに続く語の内容を番地指定の一部として使うこともあるが，その場合はその内容をXと表わす．

以下，主に，INCまたはINCB命令を例に，それぞれのアドレシングモードを説明する．INC命令，INCB命令は1オペランド命令で，図7.5の形をしている．これはオペランドに1加算する命令である．

INC命令	0000101010	dst
INCB命令	1000101010	dst

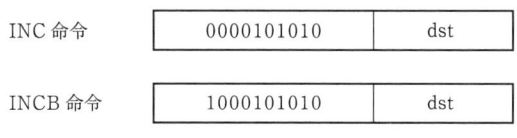

図7.5　INC命令とINCB命令

レジスタアドレシング(register addressing)

たとえば，0000101010000001という機械語命令があるとする．このとき，はじめの10ビットを見ればINC命令とわかる(これは後に出てくる表7.2を見ればわかる)．

Q7.4 本当に表7.2からそうわかるか．はじめの10ビットを見ればという前提が変ではないか．図7.3のようにオペレーションコードの長さは一定でない機械だから，10ビットを見ればよいということはわからないことである．

残りの000001がdst指定となる．その000001の前3ビット000からモードは0となり，これでレジスタアドレシングと決まる．また，それにつづく001からレジスタは1が指定されているとわかる．これから，デスティネーションオペランドはR1である．すなわち，レジスタR1に1を加算する命令であることがわかる．

　0000101010000001　　機械語命令
　　INC　　R1　　　　アセンブリ命令

この命令を実行すると，R1の内容に1加算される．

レジスタアドレシングは，図7.6のように図解される．まず，左の箱は命令を表わしている．その中にレジスタモードでレジスタRが指定されていれば，そのオペランドはレジスタRそのものであるということを表わす．網かけされ

図 7.6 レジスタアドレシング

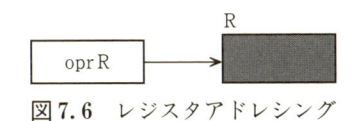

ている箱が実際のオペランドを表わしている．

Q 7.5 (1) ADD R1, R2 という命令はどういう意味か．文章で表現せよ．
(2) (1)のように，オペランドが2つの場合，図7.6 はどのように書けばよいだろうか．

間接アドレシング(deferred addressing, indirect addressing)

次の機械語命令を考える．アセンブリ言語ではRの間接番地は@Rと表記する．

$$\underbrace{0000101}_{\text{INC}}\underbrace{010001001}_{\text{@R1}} \quad \text{機械語命令}$$

INC @R1　　　アセンブリ命令

この間接アドレシングは，表 7.1 では $M[\langle R\rangle]$ と表記しているように，指定されたレジスタの内容を番地とみて，その主記憶上の語が実際のオペランドとなる．この命令の場合は，R1 が指定されているので，いまレジスタ R1 の内容が仮に，b であれば，主記憶の b 番地がオペランドとなる．したがって，この命令を実行すると，$M[b]$ 番地の内容に1加算されることになる．

このように，PDP-11 では主記憶のデータを直接計算対象とできたので，それ以前のコンピュータに比べるとプログラムが書きやすかった．

図 7.7 は，命令のオペランド指定部に，モード1でレジスタ R が指定されていれば，レジスタ R の内容で決まる主記憶の番地がオペランドになるということを示している．

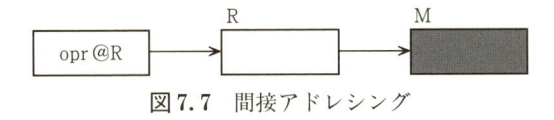

図 7.7　間接アドレシング

インデクスアドレシング(index addressing)

これも重要なモードである．インデクスアドレシングを PDP-11 のアセンブ

リ言語ではX[R]という形で表記する．これでX番地からRの内容だけ，ずれた番地を指定できる．たとえばA[R2]と書き，R2の内容が0ならA番地，R2の内容が5ならAから5番地先を意味する．X番地を基準番地と呼ぶ．これを命令として含めるには，基準番地の指定に16ビットを必要とし，この命令の中には納まらないので，命令の次の語をそのために使う．

たとえば，次の命令を取り出して解読すると，

$\underbrace{0000101}_{\text{INC}}\underbrace{010}_{\text{モード6}}\underbrace{110001}_{\text{R1}}$　　機械語命令

　　　INC　　モード6 R1　　　アセンブリ命令

と，モード6が使われているとわかれば，次の語を取り出してその内容を用いる．次の語がたとえば0000000000010000であったとすると，16番地が基準番地となる．そしてこの場合，R1の内容をこれに加算して(このことをR1をインデクスレジスタとして用い，インデクス修飾(index modify)しているという(図7.8))，実際にアクセスする番地(**実効番地**†，effective address)を求める．

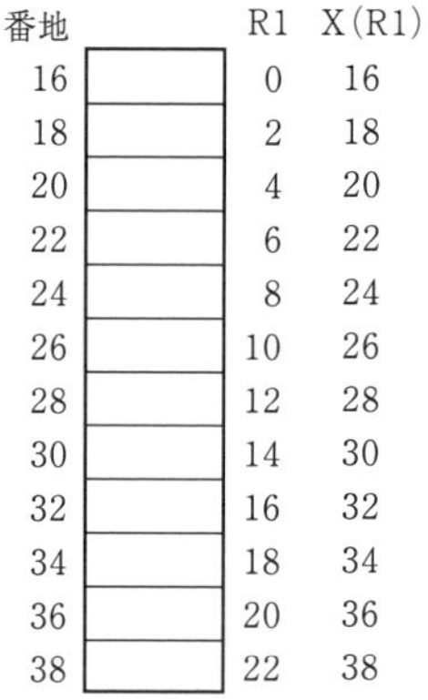

番地		R1	X(R1)
16		0	16
18		2	18
20		4	20
22		6	22
24		8	24
26		10	26
28		12	28
30		14	30
32		16	32
34		18	34
36		20	36
38		22	38

図7.8　インデクス修飾

今，R1の内容がかりに20であるなら，実効番地は36となり，この命令で36番地の内容を1加算することになる．このモードは，ある基準番地からデータが順に入っているとき，それを順に処理したい場合などに有用である．高水準言語の配列の扱いはインデクスで行なうことが多いので，このモードはよく使われる．

```
 ┌──────────┐         ┌───R───┐         ┌───M───┐
 │ opr X(R) │ ──────▶ │       │ ──▶ + ─▶│███████│
 │    X     │ ─────────────────────────▶│███████│
 └──────────┘                           └───────┘
```

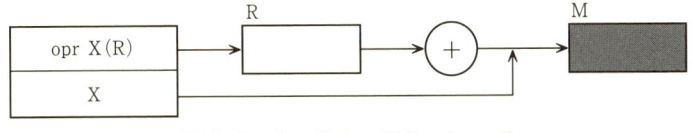

図 7.9　インデクスアドレシング

図 7.9 に説明図があるが，命令語は 1 語でなく，次の語も命令の一部と考える．したがって，INC　16(R1) という命令は，機械語では 2 語に翻訳されることになる．

図にあるように，命令の次の語に入っている X という値とレジスタの内容を加算したものを番地(実効番地)として主記憶上のオペランドを定めている．

Q 7.6　インデクスは上の話では，0 か正であるが，負は許されないのだろうか．許すのと，許さないのとで，使い勝手やコンピュータの処理の違いはあるだろうか．

Q 7.7　MOV　X(R1), Y(R1) という命令は，同じインデクス R1 を用いて，基準番地 X のデータ領域から，基準番地 Y のデータ領域へコピーする．この命令を機械語で表現するとどうなっているだろうか．また，それは実行する際，どのように実行されるだろうか．

PC 相対アドレシング(PC-relative addressing，相対番地)

PDP-11 のアセンブリ言語で，たとえば JMP　X と書くと，次のように翻訳される．

	命令コード	モード	レジスタ
α	0000000001	110	111
$\alpha+2$	δ		

　　JMP　δ(R7)

JMP はジャンプ命令といい，次に実行する命令の番地がデスティネーションオペランドとして与えられる．モード 6 はインデクスアドレシングモードである．つまり，R7(プログラムカウンタ PC)の内容に δ を加算した番地へ飛ぶことになる．これで X 番地へ飛べるようにするために，アセンブラはこの命令の第 1 語の番地が α であるとした場合，

$$\delta = X - \alpha - 4$$

図7.10 相対番地

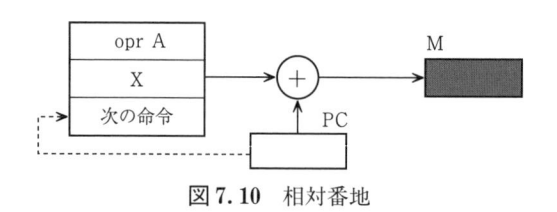

という計算をして，$a+2$番地にその値δを書く．これで正しく動作するのは，PDP-11ではPCの指している番地の内容を読み込むと自動的に2増えるように作られているので，実際にはPCの内容が$a+4$になっているからである．PCを基準に相対的に番地を指定する方式なので，PC相対アドレシングと呼ぶ．

PCは図7.10にあるように，常に次の命令のありかを指しているので，図の破線のように，命令のある番地を指している．その内容とXを加算した番地を実効番地とするのである．

これはモード6で，レジスタがたまたまR7，すなわち，PCであるからこういう使い方ができるのである．PCを別物とせず，汎用レジスタの仲間と扱うことで，PCのもつ意味をうまく利用できているのである．

Q 7.8 現在の命令から100番地先の命令に飛ぶ場合，100番地後に戻る場合について，JMP命令を機械語で表わしてみよ．

自動加算アドレシング(autoincrement addressing)

これもPDP-11の特徴的な機能である．指定したレジスタの内容を番地と思って主記憶にアクセスするが，そのあと指定したレジスタの値を，語単位の命令のときは2加算し，バイト単位の命令のときは1加算するものである．アセンブリ言語では(R)+と書く．

例として，ここでMOV命令をあげよう．MOV命令は前にも登場したが，ソースオペランドの内容をデスティネーションオペランドへ転送する命令である．

$$\underbrace{0001}_{\text{MOV}}\ \underbrace{010001}_{\text{(R1)+}}\ \underbrace{010010}_{\text{(R2)+}}$$

はじめ，R1にa，R2にbと入れておき，この命令を実行すると，主記憶のa

```
                    R         M
      ┌─────────┐ ┌─────┐  ┌─────┐
      │ opr(R)+ │→│     │→ │     │
      └─────────┘ └─────┘  └─────┘
                    ↑ ┌──┐
                    └─│+a│←┘
                      └──┘
```

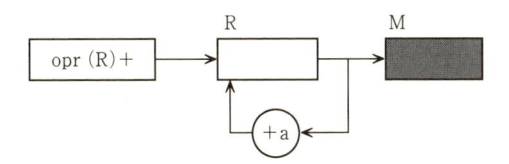

図 7.11　自動加算アドレシング

番地の内容が b 番地に転送され，R1, R2 の内容は $a+2$, $b+2$ に変わる．そこでふたたびこの命令を実行するようにすると，次は $a+2$ 番地の内容が $b+2$ 番地へ転送される．このようにして，**ブロック転送**†(連続した主記憶領域の内容をまとめて転送する)が容易にできるなど，面白い使い方がいろいろできる．図 7.11 では，R の内容で，オペランドが決まるが，それと同時に，a(語命令の時は 2，バイト命令の時は 1)を R に加算するものである．

Q 7.9 つぎの命令群を順に実行すると，どういう結果が得られるか．
　　CLR はオペランドをクリアする(0 にする)という命令である．
　　CLR　R0
　　CLR　(R0)+
　　CLR　(R0)+
　　CLR　(R0)+
　　CLR　(R0)+
　　CLR　(R0)+

Q 7.10 つぎの命令群を順に実行すると，どういう結果が得られるか．
　　なお，ADD　A, B は B に A を加算するという働きをする．
　　CLR　R0
　　CLR　R1
　　ADD　(R0)+, R1
　　ADD　(R0)+, R1
　　ADD　(R0)+, R1
　　ADD　(R0)+, R1
　　ADD　(R0)+, R1
　　ADD　(R0)+, R1

イミディエイトアドレシング(immediate addressing)

PDP-11のアセンブラで，#100とか，#-1などと#のあとに数値を直接書くとイミディエイトアドレシングに扱われる．100とか-1という定数を直接使いたいときに便利な方法である．

これはPCを使って自動加算アドレシングモード，すなわち(R7)+で実現される．その命令の次の語に100とか，-1の値を書いておけばよい．直値モー

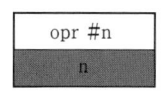

opr #n
n

図7.12 直値

ド†ということもある(図7.12)．たとえば

 MOV #1, R2

は，次のように2語にアセンブルされる．

 0001**010111**000010   太字で(R7)+を示す．

 0000000000000001

これを実行する過程を考えると，PCが巧(こうみょう)妙に扱われていることに気づくであろう．

Q 7.11 次の命令群を実行した結果を説明せよ．

 CLR R0
 ADD #1, R0
 ADD #2, R0
 ADD #3, R0
 ADD #4, R0

Q 7.12 次の命令群を実行した結果を説明せよ．

 CLR R0
 ADD #1, R0
 ADD R0, R0
 ADD R0, R0
 ADD R0, R0
 ADD R0, R0

自動減算アドレシング(autodecrement addressing)

これは，まず指定されたレジスタから，語を扱う命令の場合は2を，バイトを扱う命令の場合は1を減じてから，そのレジスタの内容を番地と見て主記憶にアクセスする．

```
      opr (R)-  →  R  →  -a  →  M
                  ↑_____|
```

図7.13　自動減算アドレシング

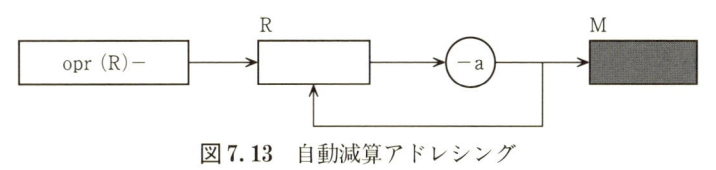

図7.13では，指定されたレジスタRからa(前項と同じ)を引いたものを実効番地としてオペランドを決定し，同時に，指定されたレジスタにはその実効番地が設定されるという働きをする．

Q 7.13[†]　次の命令群を実行した結果を説明せよ．

```
MOV  #100, R1
CLR  -(R1)
CLR  -(R1)
CLR  -(R1)
CLR  -(R1)
```

間接番地

モード1と，省略した3,5,7のモードはいずれも，1つ前の番号のモードでさらに間接的に番地を参照するものである．すなわち，0,2,4,6のモードでオペランドを求め，その内容を番地と見て，主記憶のその番地をオペランドとするのである．たとえば，モード1でレジスタが3と指定されているとする．このとき，1つ前のモード0，すなわち汎用レジスタアドレシングでは，レジスタ3がオペランドになるが，モード1であるから，そのレジスタ3の内容を番地とみなしてその番地をオペランドとする(図7.14)．

(1) レジスタ間接：(0)のレジスタモードから間接参照

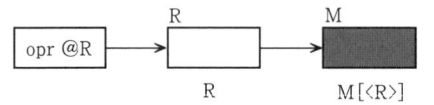

```
opr @R  →  R  →  M
           R     M[⟨R⟩]
```

(3) 自動加算間接：(2)の自動加算モードから間接参照

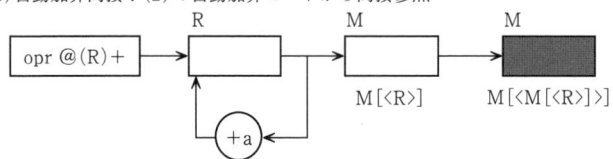

```
opr @(R)+ → R → M → M
                M[⟨R⟩]  M[⟨M[⟨R⟩]⟩]
            +a
```

(5) 自動減算間接：(4)の自動減算モードから間接参照

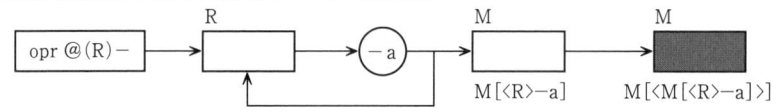

```
opr @(R)- → R → -a → M → M
                     M[⟨R⟩-a]  M[⟨M[⟨R⟩-a]⟩]
```

(7) インデクス間接：(6)のインデクスモードから間接参照

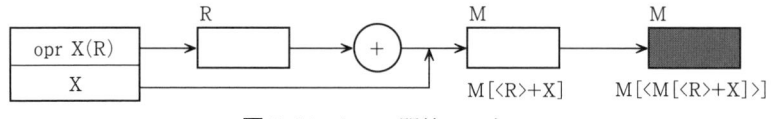

```
opr X(R) → R → + → M → M
     X             M[⟨R⟩+X]  M[⟨M[⟨R⟩+X]⟩]
```

図 7.14　4つの間接モード

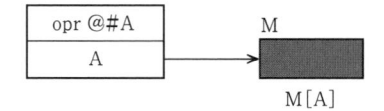

```
opr @#A  →  M
     A      M[A]
```

図 7.15　絶対番地

Q 7.14 次の命令群を実行したときの結果を説明せよ．

　　MOV　#100, R1
　　CLR　@(R1)+
　　CLR　@(R1)+
　　CLR　@(R1)+

絶対番地

　これはモード 3 で，レジスタ R7 を使うものである．つまり，@(R7)+ という指定をする．そうすると，R7 は次の命令のある番地を指しているから，図

7.15 で見るように，次の番地から間接に指すので，次の番地に書いてある A そのものが実効番地になる．その意味で，主記憶中の番地をそのまま書けばいいので，絶対番地というのである．

Q 7.15 次の命令を実行したときの結果を説明せよ．
　　CLR　＠＃100

主要な命令

主要な命令を表 7.2 にまとめる．s, d はそれぞれ src, dst の指定で，命令コードは 16 進表現である．

また，N, Z, V, C の欄は，その命令によって，PSW の N, Z, V, C ビットがどう影響を受けるかを示している．＊は演算結果によって設定されること，0 は 0 に設定されること，－は影響を受けないことをそれぞれ表わす．命令形の太字になっている部分は opcode で，dddddd (6 ビット) はデスティネーション，ssssss (6 ビット) はソースのオペランドの指定を表わす．表中，mnemonic 欄は**ニモニック**†といい，アセンブリ言語での命令の表記である．

意味の欄は，**レジスタ転送表現**†に準じている．たとえば，d ← 0 はデスティネーションオペランドに 0 を転送することを意味する．(d), (s) はそれぞれデスティネーションオペランドとソースオペランドの内容を表わす．＋，－は加算，減算を意味する．また，∨, ∧ はそれぞれ，ビットごとの論理和，論理積である．また，上にバーをつけたのは，ビットごとの NOT である．(d)－0 というような転送を行なわない表記があるが，これは (d)－0 という計算だけを行ない，結果をとくに転送はしないで，計算結果で N, Z, V, C を設定するために用意されている．このような記法で書きにくいものは別途説明している．

表7.2 主要な命令

① 1 オペランド命令（opcode は 10 ビット）

命令形	mnemonic	意味	NZVC	備考
0000101000dddddd 1000101000dddddd	CLR CLRB	d←0	0100	クリア clear
0000101001dddddd 1000101001dddddd	COM COMB	d←$\overline{(d)}$	**01	ビットの反転 complement
0000101010dddddd 1000101010dddddd	INC INCB	d←(d)+1	***-	+1 increment
0000101011dddddd 1000101011dddddd	DEC DECB	d←(d)−1	***-	−1 decrement
0000101100dddddd 1000101100dddddd	NEG NEGB	d←−(d)	****	異符号に変換 negate
0000101101dddddd 1000101101dddddd	ADC ADCB	d←(d)+C	****	キャリービット加算 add carry
0000101110dddddd 1000101110dddddd	SBC SBCB	d←(d)−C	****	キャリービット減算 subtract carry
0000101111dddddd 1000101111dddddd	TST TSTB	(d)−0	**00	テスト test
0000110000dddddd 1000110000dddddd	ROR RORB	注	****	右巡回シフト rotate right
0000110001dddddd 1000110001dddddd	ROL ROLB	注	****	左巡回シフト rotate left
0000110010dddddd 1000110010dddddd	ASR ASRB	注	****	算術右シフト arithmetic shift right
0000110011dddddd 1000110011dddddd	ASL ASLB	注	****	算術左シフト arithmetic shift left
0000000011dddddd	SWAB	注	**00	スワップバイト swap byte
0000000001dddddd	JMP	注	----	ジャンプ (7-3 節) jump

注

クリア	:	オペランドを0にする．そろばんのご破算．
ビット反転	:	オペランドの各ビットの0,1を反転する(1の補数)．
+1	:	オペランドに1加算．
−1	:	オペランドに−1加算(1減算)．
異符号	:	絶対値を変えずに符号だけ反対にする(2の補数)．
キャリービット加算	:	オペランドの最下位に，PSW中のCビットを加算する．
キャリービット減算	:	オペランドから，PSW中のCビットを減算する．
テスト	:	オペランドが正か負か，零か非零かを判定する．
シフト命令	:	5-4節の説明を参照されたい(→シフト命令†)．
スワップバイト	:	1語に2バイト含まれているが，上位バイトと下位バイトを入れ替える命令である．
ジャンプ	:	7-3節で説明する．

② 2オペランド命令(opcodeは4ビット)

命令形	mnemonic	意　　味	NZVC	備　　考
0001ssssssdddddd 1001ssssssdddddd	MOV MOVB	d←(s)	**00	転送, コピー move
0010ssssssdddddd 1010ssssssdddddd	CMP CMPB	(s)−(d)	****	比較 compare
0011ssssssdddddd 1011ssssssdddddd	BIT BITB	(s)∧(d)	**0-	ビット比較 bit test
0100ssssssdddddd 1100ssssssdddddd	BIC BICB	d←(s)∧(d)	**0-	ビットクリア bit clear
0101ssssssdddddd 1101ssssssdddddd	BIS BISB	d←(s)∨(d)	**0-	ビットセット bit set
0110ssssssdddddd	ADD	d←(d)+(s)	****	加算 add
1110ssssssdddddd	SUB	d←(d)−(s)	****	減算 subtract

注

転送	:	データの転送．これはコピーであり，ソースオペランドの内容は変わらない．
比較	:	ソースオペランドからデスティネーションオペランドを引き，計

算結果で, PSW の N, Z, V, C を設定する. これで, 大小比較などをする.

ビット比較 : これはソースオペランドとデスティネーションオペランドのビットごとの演算をする. 結果はどこにも転送しない. 目的は, ビット演算の結果で, N, Z, V, C を設定する. これもマスクして, ビットやフィールドの判定をするのに使われる.

ビットクリア : これは変わった名前が付けられているが, 桁ごとの AND である.

ビットセット : これも桁ごとの OR である.

加算 : 加算命令である. 結果はデスティネーションオペランドに転送される.

減算 : 減算命令である. デスティネーションオペランドからソースオペランドを減算し, 結果をデスティネーションオペランドに転送する.

③ 0 オペランド命令 (opcode は 16 ビット)

命令形	mnemonic	意味	NZVC	備考
0000000000000000	HALT	注	- - - -	演習問題 9.2
0000000000000001	WAIT		- - - -	割り込み待ち
0000000000000010	RTI		* * * *	割り込みからの戻り
0000000000000101	RESET		- - - -	機器の初期化

注

HALT : これはコンピュータの停止を指示する命令である. この命令を実行するとコンピュータは停止する.

WAIT : 割り込みが来るまで待つ命令である.

RTI : 割り込み処理ルーチンから, 中断していたプログラムに戻る命令である.

RESET : CPU と周辺機器を初期化する命令である.

④分岐命令（opcode は 8 ビット，ffffffff はオフセット）
割り出し命令（opcode は 8 ビット，qqqqqqqq はパラメータ）

命　令　形	mnemonic	意　味	NZVC	備　考
00000001ffffffff	BR	無条件	----	branch
00000010ffffffff	BNE	Z=0	----	not equal(zero)
00000011ffffffff	BEQ	Z=1	----	equal(zero)
00000100ffffffff	BGE	N⊕V=0	----	≧0
00000101ffffffff	BLT	N⊕V=1	----	<0
00000110ffffffff	BGT	Z+(N⊕V)=0	----	>0
00000111ffffffff	BLE	Z+(N⊕V)=1	----	≦0
10000000ffffffff	BPL	N=0	----	plus
10000001ffffffff	BMI	N=1	----	minus
10000010ffffffff	BHI	C+Z=0	----	higher
10000011ffffffff	BLOS	C+Z=1	----	lower or same
10000100ffffffff	BVC	V=0	----	overflow clear
10000101ffffffff	BVS	V=1	----	overflow set
10000110ffffffff	BCC	C=0	----	carry clear
10000111ffffffff	BCS	C=1	----	carry set
10001000qqqqqqqq	EMT		****	割り出し
10001001qqqqqqqq	TRAP		****	割り出し

注

分岐命令：　表の中の B で始まる命令は，すべて分岐命令である．これについては 7-3 節で説明する．

割り出し：　PDP-11 では 2 つ用意してある．プログラムから割り込みをかけるもので，これで OS に連絡をする．割り込み等については 8 章で述べる．

⑤サブルーチン呼び出し命令（opcode は 7 ビット，rrr はレジスタの指定）

命　令　形	mnemonic	意　味	NZVC	備　考
0000100rrrdddddd	JSR		----	7-3 節

⑥サブルーチンからの戻り命令（opcode は 13 ビット，rrr はレジスタの指定）

命　令　形	mnemonic	意　味	NZVC	備　考
0000000010000rrr	RTS		----	7-3 節

7-3 実行制御にかかわる命令

命令には，ADD, MOV などのように，データそのものを加工したり転送したりするもののほかに，BR, BNE などの分岐命令，ジャンプ命令，サブルーチン呼び出し命令，サブルーチンからの戻り命令，HALT などの実行制御にかかわる命令がかなりある．まず，それら実行制御に関わる命令がどういうものか説明し，その意義について考えていこう．

プログラムカウンタの役割

プログラムカウンタ PC は，次に実行すべき命令の番地を示す．後に述べる分岐命令などを除き，演算命令などの命令を実行したあとは，CPU は次の番地にある命令を実行することになる．PDP-11 の命令は，1 つの命令が 1 語とはかぎらず，2 語または 3 語を使うことがある．1 つの命令を構成する語が主記憶から読まれるたびに，PC を 2 ずつ増やしていく．これは主記憶がバイト単位で番地がついており，1 語読むと 2 番地増えるからである．こうして，ある語を PC を使って読むと，必ず PC の値を 2 増やすという方法で，3 語の命令であっても，その命令の実行後は PC はその次の命令の番地をさしており，スムースに次の命令を取り出すことができる．

このように PC は 2 ずつ増加していくが，それだけだと直線的な処理だけにとどまる．そこで，任意の番地へ飛ぶ† ジャンプ命令と，計算の結果を判断して分岐する条件分岐命令が用意されており，柔軟な処理が可能となる．

Q 7.16 もし直線的な処理しかできないとすると，0 番地から計算を始めても主記憶の最後の番地までの命令をただ実行するだけでそこで終わってしまう．1 GB の主記憶であるとして，すべての命令が仮に 2 バイトで表わせたとして，何命令収容できるか．また，1 命令は平均 1 ns で実行できるとすると，主記憶全部の命令を実行するのに，どれくらいの時間がかかるか．

ジャンプ命令

ジャンプ命令は 1 オペランド命令と同じ形をしているが，そのオペランドで指定された実効番地を PC に転送する．いま，PC に番地として a が転送されたとすると，次に取り出される命令は a 番地の命令である．このように，ジャ

ンプ命令で主記憶上の任意の番地へ「飛ぶ」ことができる．

分岐命令

分岐命令は，図7.3④の形をしており，8ビットの命令コードと8ビットのオフセットからなる．この命令で重要なのは，**条件分岐**†(conditional branch)ということである．オフセット(offset)は分岐先を指定するもので，それで指定される分岐先番地をlocと表わす．たとえば，BEQ命令は，Z＝1ならPCにlocを設定するという機能をもつもので，PSW中のZビットを見て，Z＝0ならとくになにもせず，Z＝1ならPCにlocを転送するので，次の命令はloc番地から取り出す．このようにして，loc番地へ飛ぶ．こうして，Zが1かどうかで違う処理に進むことができる．これを条件分岐と呼んでいる．先の表7.2にあるように，N, Z, V, Cすべてについての判定命令が用意されている．たとえば，

  COMP R0, R1
  BEQ α

というプログラムを書くと，R0とR1を比較してその結果がPSWに記録される．BEQは，その結果が等しかった場合にα番地へ飛ぶ．等しくない場合はBEQの次の命令へ進む．

  ADD R0, R1
  BVS α

とすれば，R0とR1を加算した結果，オーバーフローがあればα番地へ飛ぶし，そうでなければBVSの次の命令へ進む．

  BIT R0, #1
  BEQ α

これは，R0と，最下位ビットのみに1のあるパターンとの，ビットごとのANDをとるので，最下位ビットのみが演算結果として得られ，それについての判定が行なわれる．それが0であるならα番地へ飛び，1であるなら次の命令へ進む．こうして，ある語の任意のビットが0か1かを判定することもできる．

このように，分岐命令を種々の判断に使うことができる．これによって計算

の状況を把握しながら，それに応じた処理をすることができる．

Q 7.17 電卓は家庭用のものでも加減乗除，開平，％計算などの計算ができる．ところが，分岐命令はとくにない．コンピュータと電卓の違いを分岐命令の有無を中心に説明せよ．

ループ

分岐を用いると，ある条件が成立するまである部分を繰り返して実行するという**ループ**[†](loop)を形成することができる．ここでは，非常に簡単な乗算プログラムを作ってみる(図7.16)．ただし，乗数，被乗数ともに，ごく小さい「正の数」で乗算結果は1語以内に納まるという(都合のいい)仮定をおいたものである(この条件を満たさない場合は不都合な動作をすることもある)．乗数，被乗数はすでにレジスタR0, R1 にそれぞれ入っているとする．

```
         MOV  #1, R2    (R2に1を入れる)
         CLR  R3        (R3をクリア)
→L1:    BIT  R1, R2    (最下位ビットの判定)
  ┌─   BEQ  L2
  ↓    ADD  R0, R3    (R3←R3+R0)
   L2: ASL  R0
         ASR  R1
  └─   BNE  L1
```

図7.16 乗算のプログラム例

ここでは分岐命令を2回使っている．なお，L1, L2 は**ラベル**[†](label)という．これは飛び先を表わすのに用いられている．たとえば，BEQ L2 という命令があるが，これは分岐先が L2 というラベルのある命令であるという意味である．このコード(プログラムの断片)は1つのループをもっており，最後の分岐命令はループを終了するかどうかの判定をしている．これまでの知識で解読できると期待するが，これで上記の仮定のもとで，乗算結果が R3 に得られることを確認されたい(→プログラムの確認法[†])．

上の図では，左に分岐の際の制御の流れを矢線で書き加えたが，こういう書き込みをしてアセンブリ言語プログラムを読むと理解しやすい．プログラムは上から下に順に実行するように命令が並んでいるが，分岐命令で，上の方へ戻るときに，ループが構成される．上の処理をフローチャートで表わすと，分岐

7-3 実行制御にかかわる命令——123

命令のところで，判定の菱形の箱を用いて，そこから，枝が2本でる．他の命令は長方形の箱に入る．そして，全体を眺めると，同じような図になる．

オフセットの処理

オフセットは8ビットであるが，これを8ビットの2の補数表現として扱うので，−128から127の間の数を表現できる．この数を2倍して現在のPCの値に加算して，それをlocとするのである．PCはこの命令を取り出したときにすでに+2されているので，実際にlocとして指定できるのは，現在命令のある場所の−127語前から128語先までとなる（2倍して加えるのは，命令はつねに語として取り出すので偶数番地から取り出すからである．図7.17参照）．

オフセット	相対番地	
1 0 0 0 0 0 0 0	−2 5 4	
1 0 0 0 0 0 0 1	−2 5 2	
...	...	
1 1 1 1 1 0 1 1	−8	
1 1 1 1 1 1 0 0	−6	
1 1 1 1 1 1 0 1	−4	
1 1 1 1 1 1 1 0	−2	
1 1 1 1 1 1 1 1	0	分岐命令のある語の番地
0 0 0 0 0 0 0 0	2	次の語の番地
0 0 0 0 0 0 0 1	4	
0 0 0 0 0 0 1 0	6	
0 0 0 0 0 0 1 1	8	
...	...	
0 1 1 1 1 1 1 1	2 5 6	

図7.17 オフセットと飛び先の対応

サブルーチン

もう1つ重要な機能に，**サブルーチン**†（サブプログラム，subprogram）がある．これは1つのまとまった機能を果たすプログラムで，他のプログラムから呼び出して使うものである．PDP-11は表7.2のように，サブルーチン呼び出しの命令としてJSRをもち，戻りの命令はRTSである．サブルーチンは最後にRTS命令をもつ形に作る．

たとえば，平方根を求めるためのサブルーチンとか，sinの値を求めるサブルーチンを利用できれば，プログラマはそのサブルーチンを**リンカ**†で自分のプログラムから呼べるようにつないで1つのプログラムとし，そのサブルーチ

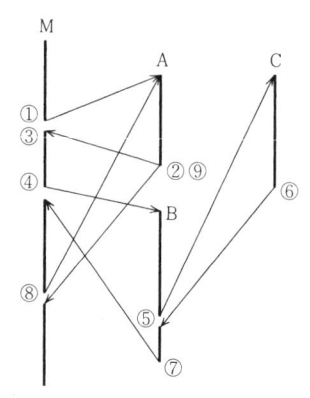

図 7.18　サブルーチン機能

ンを JSR 命令で呼べば，自分でその部分を書かなくても使える．このような有用なサブルーチンはライブラリルーチンと称して提供されることがある．

　図 7.18 にサブルーチン呼び出しの概念を示す．プログラム M が始めから実行されていき，①で JSR 命令を実行する．このときの番地指定が A であるなら，A 番地から引き続いて実行する．JSR 命令は，A に飛ぶ前に自分の命令の次の番地(**戻り番地**[†]，return address と呼ぶ)を特別の場所に格納する．飛ぶ先の A 番地をサブルーチンの入口という．

　A 番地からサブルーチンを実行して，②でサブルーチンから戻るという RTS 命令を実行すると，サブルーチン呼び出しのときに覚えておいた戻り番地から命令③を実行する．これでサブルーチンから戻ったといい，①の命令の次を継続実行する．④で別のサブルーチンのある番地 B へ飛ぶ．⑤で別のサブルーチンのある番地 C へ飛ぶ．C 番地から始めて⑥で RTS を実行すると，最近呼んだ命令の次の命令を実行していく．⑦で RTS を実行して④の次の命令を実行する．そして，M の命令を継続して実行する．⑧で再び A 番地からのサブルーチンを呼んでいる．⑨の RTS で⑧の次の命令を実行する．

　先にライブラリルーチンの有用さを述べたが，既成(きせい)のものを使うことだけがサブルーチンの活用法ではない．むしろ，自分のプログラムをいくつかのサブルーチンの組合せとして作ることが薦められる．図 7.18 では A 番地からのサブルーチンは 2 回呼ばれているが，サブルーチン本体を 2 回書かずにすむ．何

回も呼ぶ部分がある場合は，プログラムの長さを短縮するうえで効果的である．PASCALやCの高水準言語では手続きとか関数と呼ぶが，むしろあるまとまった機能を意識して整理することに意味がある．概念的によく整理して，サブルーチンを使うことで誤りの少ないプログラムを書けることが大事だからである．

なぜ実行制御命令が必要か

普通の電卓には＋や×といったデータ加工のためのキーはあっても，条件分岐のような実行制御にかかわるキーはない．電卓の場合は人間が計算の状況を判断している．少なからず人間の介入を必要とするわけである．プログラムはあらかじめ作成して自動的に実行されるものであるから，計算中に発生する種々の状況に応じた対応ができなければ意味のある処理はできないであろう．状況についての判断をし，それに応じた行動をとるために分岐命令が用意されている．このようにコンピュータでは，条件分岐の機能により自動化が達成され，高速な処理が可能となっている．このことは本質的に重要なことであろう．

人間の情報処理を考えると，むしろ計算というより体内や体外から得られる膨大な情報をつねに監視し，それに応じた反応をしている(無意識の反応も多いが)部分がきわめて大きいのではないだろうか．

ま と め

1 PDP-11を例にプログラマから見た計算機の姿をみた．汎用レジスタ，PC，PSW，そして，命令がプログラマにとって重要である．
2 命令は，オペレーションコード，オペランドの指定，ソースオペランド，デスティネーションオペランド，オフセット等の指定を含む．
3 アドレシングモードもプログラムには重要な役割を果たす．
4 実行制御命令として，分岐，ジャンプ，サブルーチンコールなどがあり，これらは非常に重要である．

演習問題

7.1 アセンブラの仕事を実際に自分でやってみよう．以下のアセンブリ言語での命令を機械語表現になおせ．
 (1) ADD R0, R1
 (2) SUB @R0, R2
 (3) MOV (R1)+, -(R2)
 (4) CLR FFH(R1) (インデックスアドレシング，FFHは16進表現でFF)
 (5) ADD #1, R1 (#1は直値データ)

7.2 主記憶から命令を取り出したところ，次にあるように，ソースオペランドもデスティネーションオペランドもインデックスアドレシングモードであり，3語で1命令を構成している．その3語が次に示してある．
 1001110001110010
 0000000010000000
 0000010000000000
この部分はどう解釈されるか．

7.3 図7.16のプログラムについて，R0, R1にそれぞれ2進数101111001と1101が入っているとして，どのように計算が進行するか調べよ．

7.4 図7.16のプログラムを実行するとき，いったい全部でいくつ命令を実行することになるかを考えよ．

7.5 主記憶のs番地からt番地までをすべてクリアする，すなわち，s番地からt番地に0を書き込むプログラムを作れ．PDP-11の命令を想定して，思い浮かぶ方法をできるだけあげてみよ．

7.6 レジスタR2に与えられたデータの**重み**†(1の数)を，レジスタR1に求めるプログラムを，PDP-11の命令を想定していろいろ考えてみよ．

7.7 PDP-11の命令セットは今では常識的なものといえるが，はじめからこういう形の命令だけだったわけではない．比較的わかりやすい形式を説明しよう．

opcode	operand 1	operand 2	nextad 1	nextad 2

opcode はどういう動作をするかを指定する．operand 1, operand 2 は，演算の対象を指定するものである．また，nextad 1 は演算結果について，正負，零・非零などの判定をして（どの判定をするかは opcode で指定する），判定結果が yes のときは，nextad 1 の番地の命令を次に実行し，判定結果が no なら，nextad 2 のほうの命令を実行するというものである．1 つの命令に豊富な内容が書けるので，書くべき命令数は少なくてすみそうである．話を簡単にするため，オペランドは主記憶の番地を直接指定するだけとする．番地指定に a ビット必要とし，opcode に b ビット必要だとすると，この命令は $4a+b$ ビット構成となる．

(1) この方法だとプログラムカウンタ PC は不要であることを述べよ．

(2) しかし，分岐しないときも番地指定をもつことになり，無駄であろう．PC の導入により，nextad 2 は少なくとも省略できることを説明せよ．

(3) さらに，分岐専用の命令を独立させることで，nextad 1 を不要としたのが PDP-11 などの形である．プログラム中の分岐命令の必要数を全体の α パーセントとして，どれくらい番地指定部が節約されるといえるだろうか．

(4) 番地指定部が減って簡単になると実行速度も一般に速くなるが，それはなぜか．

7.8 JSR 命令，RTS 命令の機能を考えてみよ．

7.9 割り込みも，本来のプログラムの流れを中断して，割り込み処理をし，終わればもとの流れにもどる．そういう意味ではサブルーチン呼び出しと似ているが，その違いはなにか．

7.10 PDP-11 についてはいくつかの参考書が出版されているので図書館で調べることもできる．また，Z80, 68000 などのマイクロプロセッサなどの資料もかなりあるので調べてみよ．商業雑誌にはよく新しいマイクロプロセッサのアーキテクチャ（基本設計）についての記事も載っている．

8 中央処理装置

中央処理装置（CPU）はコンピュータのまさに中心であり，主記憶から命令やデータを次々と読み込んで処理して，また書き出す．その内部のしくみをみる．

8-1 中央処理装置の内部構造

　前章でPDP-11の機能を，プログラマからみてどう見えるか，という観点から説明した．ここでは，そのような機能を果たすCPUの中はどうなっているのか，そのしくみと構造を考えてみよう．図8.1はPDP-11を想定して設計したCPUの内部構造である．内部は演算回路といくつかのレジスタ，これらの間のデータ転送をするためのバス，そしてそれらの動作を制御する制御部からなる．

　制御部を変えれば，違う命令をもつコンピュータを実現できるので，このCPUの構造はPDP-11にかぎられるわけではないし，実際のPDP-11がこの通りに作られているとも限らない．単純でわかりやすいことをねらっているので，経済性などに関して最適設計である保証もない．以下の説明を読むと，いくつか改良点に気がつくかもしれない．自分で検討しなおす作業をしてみると，一見むずかしそうに見えるここでの説明も実はそれほどでなく，いろいろとア

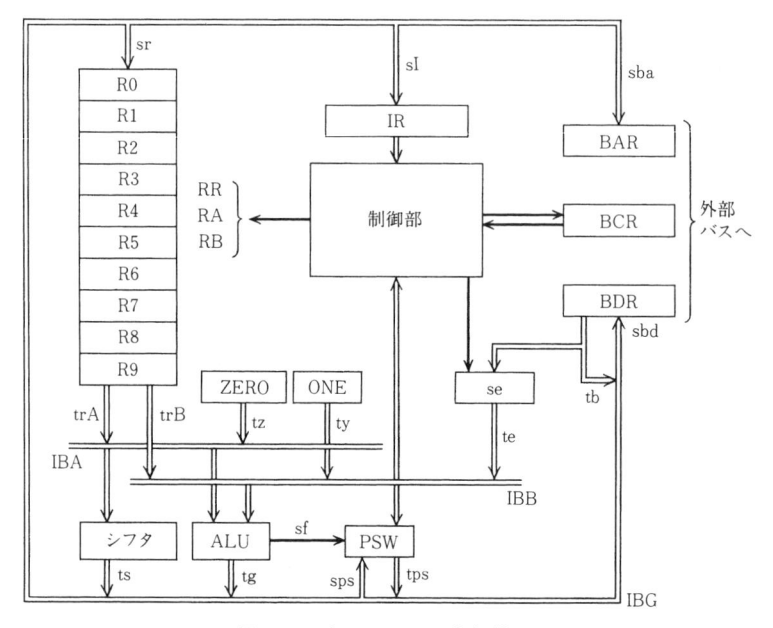

図 8.1　あるCPUの内部構造

イデアを発揮でき，面白いということに気づかれるものと思う．

バスとレジスタ

　バスは同じ線を複数のレジスタ間のデータ転送に使うものであり，n 個のレジスタどうしを1対1の結線で結ぶと，$n(n-1)/2$ という多数の配線を必要とするところを，図8.2のように共通のバスにそれぞれが接続することで，配線を節減するものである．ただし，同時に2組の通信をするわけにはいかない．あくまでバスは1つの通信路を共用しているのであり，時分割で順々に使用しなければならない．通信量が多いときは1対1の直通線方式のほうが全体として効率はあがるかもしれないが，同時通信の機会が少ないならバス方式はきわめてすぐれている．勝手にバスを使おうとすると，はちあわせが起こりうるが，このような内部バスの場合は制御部がすべてを制御して同時通信が起こらないようにするので問題はない．

　図8.1の設計では，内部バスとして IBA, IBB, IBG の3本を使用している．これらは16ビットのデータを一度に送れるように，それぞれ16本の導線が並

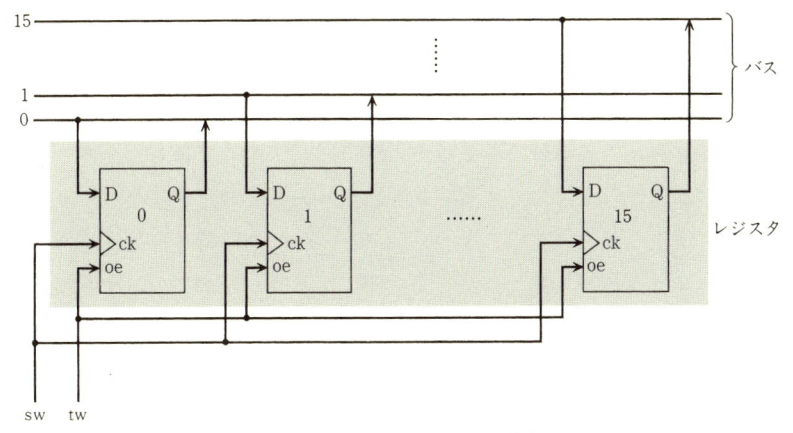

図8.2 レジスタとバスの接続

行して走る構造になっている．これにいくつかのレジスタが接続している．レジスタもそれぞれ 16 ビットであり，16 個のフリップフロップで構成されている．図 8.2 のように，バスの各線に 1 つずつフリップフロップが接続されている．0 番の線には 0 番のフリップフロップの D 入力と Q 出力がともに接続されている．D フリップフロップは，ck が立ち上がるときに状態変化を起こす前縁トリガ型としておく．sw を 0 から 1 に立ち上げると，バス上の信号がフリップフロップにいっせいに取り込まれる．このようにしてバスからレジスタへのデータの転送が行なえる．

一方，この図のままだと Q 出力がつねにバスに接続されてまずいのではないかと思えようが，これは oe(output enable) という制御線で制御している．oe を 1 とすると，Q 出力はバスに接続され，フリップフロップの内容がバスに流れる．しかし，oe を 0 とすると，Q 出力はバスと絶縁状態になり，接続が絶たれる．このような機能をもつ出力回路を**トライステート**†(tristate) 回路という．ところで，図 8.1 の sr など s ではじまる制御信号はクロック入力に直接入れるのでなく，クロックパルスとの AND をフリップフロップのクロック入力に与える．これによって，s ではじまる制御信号を 1 にしておくと，クロックの立ち上がりに同期してフリップフロップがいっせいにデータを取り込むことになる．このように，CPU 内が 1 つのクロックパルスに同期して動作するという方

式の設計が多い．これを**同期式回路**†(synchronous circuit) という．ただその場合，CPU 内部で高速に動作する部分と遅い部分があると，クロックは遅いものに合わせてやらないといけないので，全体の速度を落してしまうという問題がある．これを嫌って各部分のもてる力(速度)を最大限に発揮し，全体として動作できるようにという考えで**非同期式回路**†も盛んに研究されたが，実際にはほとんど実用化されていない．なお，長いバスに高速で信号を伝えるために，送信側に**バスドライバ**†を，そして受信側に**バスレシーバ**†という増幅機能のあるゲートをバスとの間にはさむこともあるが，簡単のため，上の説明のように，フリップフロップが直接バスと接続するとして説明している．

レジスタの指定

図 8.1 には次にあげるようなレジスタが使われている．これらはすべて 16 ビットレジスタである．レジスタはただデータを格納するだけの容れ物であり，それぞれ役割が決まっている．

PDP-11 では，プログラマが使える汎用レジスタは R0 から R7 までの 8 個であり，ここで示した設計案ではあと 2 個は作業用として CPU 内部で使用す

汎用レジスタ	R0, R1, R2, R3, R4, R5, R6, R7
内部作業用レジスタ	R8, R9
定数レジスタ	ZERO, ONE
命令レジスタ	IR (取り出した命令を格納する)
PSW	PSW (プログラムステータスワード)
外部バスレジスタ	BAR (バスアドレスレジスタ) BDR (バスデータレジスタ) BCR (バス制御レジスタ)

る．図では汎用レジスタとして 10 個まとめて書いてあるが，これは**レジスタファイル**†という構造で，書き込みは一度に 1 つのレジスタに対してだけであるが，読み出しは出口が 2 つ書いてあるように，同時に 2 つのレジスタから読み出せる構造になっている．出口の一方は内部バス IBA に接続していて，これを A ポートといい，もう一方は内部バス IBB に接続していて B ポートと呼ぶ．

書き込みのときは，どのレジスタかを番号で指定してデータを送り込めばよく，読み出しのときは，A, B 両ポートそれぞれについてどのレジスタから読み出すかを番号で指定してやればよい．それらの指定には制御部から来ているレジスタファイル制御の制御線を用いる．その内容は (sr, RR, trA, RA, trB, RB) で与える．RR (4 ビット) はデータを書き込むべきレジスタの指定で，sr を 1 にするとき，バス IBG から RR で指定されたレジスタに転送される．RA (4 ビット) は A ポートへ読み出すべきレジスタ番号，RB (4 ビット) は B ポートへ読み出すべきレジスタ番号を指定し，trA を 1 にすると，RA に指定したレジスタの内容が IBA バスに現われる．また，trB を 1 にすると，RB に指定したレジスタの内容が IBB に現われる．以上の指定は同時に与えることができる．

データの加工

データの加工を担当するのは ALU (算術論理演算部) とシフタの 2 つである．これにはいずれも第 5 章で説明したものを使う．ALU を制御する x, y, z, u, v という信号，シフタを制御する m, d, s という信号は制御部から出され，また ALU からは演算結果についての判定，N, Z, V, C が制御部に伝えられる．もう 1 つ，BDR から内部バス IBB に接続する途中に se という回路があるが，これは PDP-11 のオフセットの処理とバイトデータのために設けられた**符号拡張機構**†で，図 8.3 のように非常に簡単な回路である．オフセットは 2 倍して符

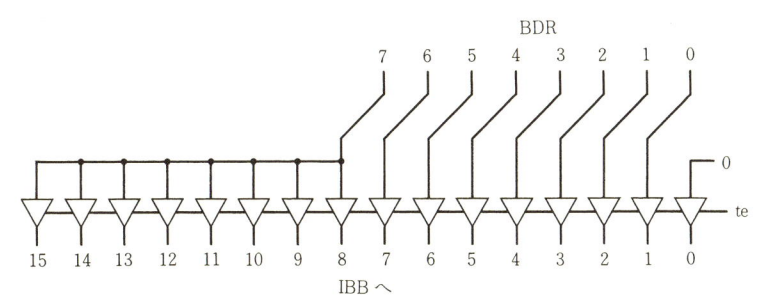

図 8.3 符号拡張機構．▽はトライステート回路で，te＝1 とすることで，BDR の下 8 ビットを左に 1 桁シフトし，符号ビットを左方へ拡張したものが，内部バス IBB へ供給される

号拡張して加算することになっていたが，2倍はデータを1ビット左にシフトすることで達成し，符号拡張は，図のようにビット7の値をビット15からビット8までコピーすればよい．この機構だけはPDP-11のオフセットに対応してここに導入した．また，バイト操作を行なうためにはALUに少し変更が必要であるが，ここではバイト操作にはとくに立ち入らない．

外部バス

図2.1に示したコンピュータの構成図で，CPUから出て主記憶や他の装置と接続しているのが外部バスである．CPUと外部バスとの接続の部分のほうが，実はCPUの内部構造より複雑な問題が多く，むずかしい．ここでは外部バスとCPUが情報のやり取りをする3つのレジスタの説明をすればよいであろう．

外部バスはまず主記憶に接続しており，主記憶とのデータのやり取りが最も重要である．書き込みを考えると，書き込むべき番地とデータを同時に送らないと動作が遅くなってしまう．そのため，番地を送るアドレスバスとデータを送るデータバスを設ける．また，読むのか書くのかなど外部の装置との連絡のために，各種の制御信号を含む制御バスがある．したがって，外部バスは全部で3部からなる．BARはアドレスバスと接続しており，アドレスの指定に用いる．BDRはデータバスに接続しており，データを送出するときはBDRに書き，受け取るときはBDRから読む．

BCRにはいくつかのビットがある(図8.4)．$R/\overline{W}$で読み書きを指定する．そして，$S/\overline{D}$ビットを1とすることで，バスの動作を開始させる．データの転送が終わればバス側からこれを0にするので，それをCPUが見て転送の終了を知ることができる．主記憶とのデータのやり取りの手順を考えよう．

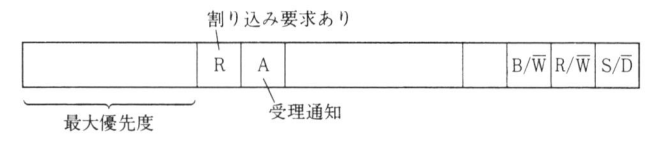

図8.4 外部バス制御レジスタ BCR

［主記憶の a 番地から1語読み出す†］

[0] BCR の S/$\overline{\text{D}}$ ビットが 1 ならバスは動作中であり，0 になるまで待つ．
[1] BAR に a を転送し，BCR の R/$\overline{\text{W}}$ ビットを 1 にする．
[2] BCR の S/$\overline{\text{D}}$ ビットを 1 としてバス動作をスタートさせる．
[3] BCR の S/$\overline{\text{D}}$ ビットが 0 になれば転送終了．すなわち，BDR に主記憶の a 番地の内容が読み出されているので，BDR から読めばよい．

[主記憶の a 番地へ，データ d を書き込む[†]]
[0] BCR の S/$\overline{\text{D}}$ ビットが 1 ならバスは動作中なので，0 になるまで待つ．
[1] BAR に a を，BDR にデータ d を転送し，BCR の R/$\overline{\text{W}}$ ビットを 0 にする．
[2] BCR の S/$\overline{\text{D}}$ ビットを 1 としてバス動作をスタートさせる．
[3] BCR の S/$\overline{\text{D}}$ ビットが 0 になれば転送終了．すなわち書き込み終了．

制御部はこのようにして，主記憶に対する 1 語または 1 バイト単位のデータの読み書きをする．

8-2 命令とその実行

このようなしくみの CPU がどのように動作するのだろうか．以下では，レジスタ P からレジスタ Q へのデータの転送を，Q ← P と表わす．

命令の取り出し

プログラムカウンタ PC(=R7) が取り出すべき命令の所在を示しているから，PC の内容をまず BAR に転送しなければならない．そして読み出した命令を命令レジスタ IR へ入れる．その間に PC を 2 増やす．すなわち，次のようなステップをふめばよい．

[1] BAR ← R7
[2] 主記憶からの読み込み (8-1 節参照)
[3] R7 ← R7+2 (この操作は [2] と同時に実行できる)
[4] IR ← BDR

実際にステップ [1] を実行するのに，どのようなデータの動かし方をするかを考えてみよう．R7 を読み出すには出口は 2 つのポートしかなく，どちらかで

取り出して ALU, IBG と通って，BAR へもっていかなければならない．ALU で b 側入力をそのまま通過させることにする(図 5.7 参照)．そのためには ALU の a 側入力に ZERO を，b 側入力に R7 を与えて，加算を指定すればよかった．

[1.1]　B ポート ← R7
[1.2]　IBA ← ZERO
[1.3]　ALU に加算を指定
[1.4]　BAR ← ALU 出力

[1.1]を実行するためには，RB に 7 を指定し，trB を 1 にすればよい．[1.2]は，tz を 1 とすればよい．[1.3]の加算は，ALU の制御信号 x, y, z, u, v を 0, 1, 0, 0, 1 とすればよい．[1.4]は，tg=1, sba=1 と指定すればよい．実はクロック信号に同期して動作させるので，ここで順に書いた操作は同時に実行する．すなわち，

　　RB = 7, trB = 1, tz = 1
　　$(x, y, z, u, v) = (0, 1, 0, 0, 1)$, tg = 1, sba = 1

をクロックが 0 の間に一度に指令しておけば，クロックの立ち上がりで正しくデータ転送が行なわれる．

　ステップ[3]は，

[3.1]　IBA ← R7(PC)，IBB ← ONE
[3.2]　ALU に，$a+b+1$ を指示
[3.3]　IBG ← ALU
[3.4]　R7 ← IBG

となる．一般にステップ[2]は若干(じゃっかん)時間がかかるので，それとステップ[3]の操作を同時に実行することは可能である．ステップ[4]は，sI を 1 にして実行できる．

　制御の仕方まで述べたので少し細かい話になったが，ここでは，適当に制御信号を与えることで，データを動かしていくことができるということを把握(はあく)していただければよい．制御の方法については 8-3 節で述べる．

　以下，データ転送に着目して説明しよう．ここに述べた操作で命令の取り出

し(および PC の +2)ができれば，IR を制御部が直接見てどういう内容の処理をすればよいかを判断し(この段階を命令の解読という)，やるべきことが決まれば実行する．また，割り込みがあるかどうかのチェックもする．このように，

[1] 命令の取り出し(fetch)
[2] 命令の解読(decode)
[3] 命令の実行(execute)
[4] 割り込みチェック

の4段階を繰り返し実行するのが CPU の姿である．

命令の実行

次に，命令の実行段階の説明をするが，その内容は命令ごとに異なる．ここでは代表的な例について述べよう．命令の形と，カッコ内にアセンブリ言語での記述をそれぞれ示して，その実行方法を検討していく．

例1 レジスタ間の加算

　　0110 000001 000000　　(ADD　R1, R0)

これは R1 を R0 に加算せよという意味である．それは，

[1] R0 ← (R0) + (R1)
[2] 結果について，N, Z, V, C の判定をして PSW に設定する

という内容をもつ．これをどう実行するかというと，データの通り道を素直(すなお)に選んで通していけばよい．

[1] IBA ← R1, IBB ← R0
　　ALU に加算を指示
　　IBG ← ALU
　　R0 ← IBG
[2] sf を1にして，ALU の判定結果を PSW に設定する

例2 自動加算を含む例

　　0001 010001 000010　　(MOV　(R1)+, R2)

これは，

[1] R1 の内容を番地と見て，主記憶からデータを取り，それを R2 へ転送する

[2]　R1の内容を +2 する

の2操作を要する．これをさらに細かく見ると，

　　[1]　BAR ← R1
　　　　 BDR ← M[BAR]
　　　　 R2 ← BDR
　　[2]　R1 ← R1+2

として実行できる．ステップ[2]のレジスタの内容の +2 は，ALU の一方に ONE という定数を与えて，$a+b+1$ と指示することで，$a+2$ を実現する．

例3　分岐命令

　　　　10000001 00111111　　　(BM1 63)

これはマイナス分岐命令で，PSW レジスタの N ビットが 0 か 1 かによって，次に実行する命令の番地が変わる．N=0 なら通常のように次の番地の命令を取り出すので，PC を +2 すればよいが，これは命令を取り出したときに実行しているのでとくに何もしなくてよい．N=1 なら PC に，オフセットに書かれている 63 という値を 2 倍して加算することで，次の番地を決定する．命令は IR に取り込まれたが，まだ BDR に残ってもいるので，それを se 回路を通してオフセット用に，IBB にデータを得る．

　　[1]　N=1 なら，PC ← PC+(命令語の下 8 ビットのオフセットを se 回路
　　　　　　　　　　　　　　を通して得た数)

という操作をすればよい．これによって次に実行すべき命令の番地は決定される．次の命令取り出しは，この新しい PC の内容で読み出すので，飛び先の命令が次には取り出されることになる．

例4　インデクスアドレシング

　　　　　MOV　R3, TABLE(R1)

このようにアセンブリ言語で書くと，アセンブラは他の場所で TABLE がラベルとして定義されていることをまず確認する．ラベルに TABLE が見あたらなければ，ラベルが未定義であるとして，アセンブラはエラーメッセージを出す．プログラマは修正して，TABLE というラベルを定義する．そして，たとえばその番地が 100 番地(16 進表現)であることが確認された場合には，次のよ

うな命令語を作る．

  0001000011110001   (MOV R3，TABLE(R1))
  0000000100000000   ($100_{(16)}$)

これは次のように実行される．

- [1] BAR ← R7
- [2] 主記憶からの読み込みと並行して，R7 ← R7＋2
- [3] R8 ← BDR(作業用レジスタ R8 へ，データを読み込む)
- [4] BAR ← R1＋R8(実効番地の計算)，BDR ← R3
- [5] 主記憶に書き込む

これで，R3 の内容が TABLE(R1)番地に書き込まれる．

 以上，代表的な処理の例をあげた．思ったより簡単というのもあろうし，意外と面倒というのもあったかもしれない．PDP-11 の命令はそれぞれ簡単なほうであると思われる．もっと内容の複雑な命令をもつコンピュータは多数ある．たとえば，乗除算，文字列処理命令など，いろいろと命令が考えられた．どういう命令をそろえればよいかの取捨選択，すなわち，**命令セット**の決定はコンピュータ設計者の楽しみでもあるし，苦しむところでもある．

 一般的には，凝った命令は実際に使用されることは少なく，単純な命令(たとえば，MOV とか ADD など)が圧倒的に使用頻度が高いのも事実である．コンピュータを設計する際には，どういう命令が頻度が高いかとか，どういう命令があるとソフトウェアはどのように楽になるかなどを慎重に調査して，命令セットを決定する．とくに，使用頻度の高い命令は高速に実行できるように工夫しなければならない．上の各命令の実行のステップの記述では，時間がどの程度かの感覚はややつかみにくいであろう．それは，次節である程度理解してもらえると期待する．

8-3 制御部のはたらき

 命令の取り出しのところで少し触れたが，制御の仕方についてもう一度考えてみる．

クロックとの同期

例1のADD R1, R0は，次の2ステップに分けて記述した．

[1] R0 ← (R0) + (R1)

[2] 結果について，N, Z, V, Cの判定をしてPSWに設定する

ステップ[1]を実現するには，レジスタファイルからR0とR1のデータをALUまで導き，それを加算してふたたびR0に結果を格納させなければならない．そのために，

[1] RA = 0, RB = 1, trA = 1, trB = 1

$(x, y, z, u, v) = (0, 1, 0, 0, 1)$, tg = 1

RR = 0, sr = 1

としておけば，クロックが立ち上がるタイミングで加算結果をR0に取り込む．ステップ[2]は，ALUからの判定結果が制御部にそのまま取り込まれており，それをsf=1としておけば，PSWに設定される．

バスの説明のところで触れたが，Sではじまる制御信号は，対象のフリップフロップに加える前に，CPU内の共通のクロックパルスとANDをとっている．逆にいえば，すべてのフリップフロップにつねにクロックを与えるのではなく，データを取り込ませたいときにのみクロック入力が立ち上がるようにして，選択的にD入力の取り込みをさせるということである．クロックとの関係を図8.5に示そう．

図8.5でクロックが下がってくるところに[1][2]と書いているが，クロックの立ち下がりを契機(けいき)として1つの動作をスタートさせる，すなわち制御線を設定しなおす．この場合は上の[1][2]の制御線の設定を同時にできる．そうすると，レジスタファイルからデータがバスに流れ，それがALUに入り，ALUは指定された演算をして結果が出てくるが，それはIBGを通ってレジスタまで

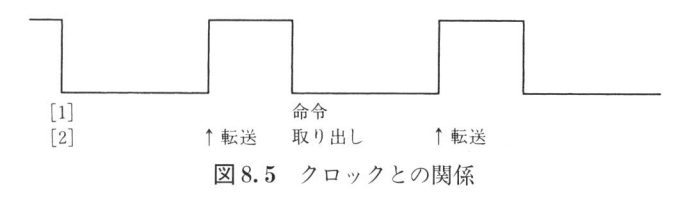

```
 [1]              命令
 [2]      ↑転送   取り出し   ↑転送
```

図8.5 クロックとの関係

達している．そして，RRで指定されたレジスタR0は，sr＝1であることから，次のクロックの立ち上がりでそのデータを取り込む．また，同時に[2]で指定されている結果の判定もPSWに取り込まれる．このように，[1][2]の指示を与えると，データは回路中を通っていくが，当然ながら，各ゲートやバスを信号が伝わって正しい値におちつくまでには若干の時間が必要である．R0の入力のところが正しい値におちつくまでは，何段ものゲートやバスを通っているのでかなりの時間がかかるといってよい．この制御線を設定してからレジスタが値を取り込めるまでの遅れ時間を $T(R0 \leftarrow R0+R1)$ と書くとする．クロックパルスが0である時間を T_0 と書くならば，

$$T_0 > T(R0 \leftarrow R0+R1) \quad (*)$$

という関係が満たされる必要があることがわかるであろう．

　この遅れ時間はデータが何であるかや，回路の動作条件で変動するものであるが，正確に動作することが何より重要であるから，これらの最大値を取って考えることはいうまでもない．CPU全体の同期をとるクロックパルスの0の間隔は，各命令でどういうデータの移動があるか，それに必要な時間は最大どれだけかを評価して，(*)の形の条件がすべて満たされるように決定する．クロックが1である時間間隔も，フリップフロップが入力で指定された値に確定するまで若干の時間がかかるなどの要素を考慮して，適切に設定される．この意味で，どれかの命令の処理中，極端に遅い処理がまざると，クロック周期は長くなってしまう．したがってクロック周期を短くしてコンピュータの高速化をはかるためには，できるだけ各命令のステップについての(*)の形の条件を平均化して短くするということ，バランスをとるということに努力がはらわれる．複雑な処理を要する命令も，ステップを小分けにすればそれぞれのステップは短時間で実行できるから，ステップへの分割も含めて考慮する．

　何ステップにも分けて考えるので，相当時間がかかるのかというとそうとはかぎらず，今の例のように1クロックで実行できるものもある．ただし，同じデータの通り道を使うような操作は同時には実行できない．バスやその他のデータの道はクロックを最小単位として配分されているのである．したがって，命令によってはどうしても数クロックかかるというものももちろんある．

制御回路

　制御部を実際に回路として実現することが最後の問題である．制御回路はどのように作ればよいのであろうか．その役割をこれまでの説明からまとめると，状況によって制御線を必要な値に設定するクロックと同期して動作するということである．

　状況を表わす入力信号には次のようなものがあげられる．
　　　IR（命令レジスタ）の内容
　　　BCR（バス制御レジスタ）の内容
　　　PSW（プログラムステータスワード）の内容
他方，制御線は制御部の出力であるが，これを列挙すると
　　　sr, sI, sba, sbd, sps, sf
　　　RR, RA, RB
　　　trA, trB, tz, ty, ts, tg, tps, te, tb
　　　BCRの設定（S/D, R/W, B/Wなど）
のようなものである．制御回路はこれらの入力を得て次の状態を決定するとともに，出力として制御信号を1または0に設定する．信号の数が多く，状態も決して少なくはないが，基本的には先に述べた順序回路そのものである．これで，複雑な制御回路をどのようにうまく作るかは別として，原理的には制御回路もフリップフロップとゲートで構成されることは理解できよう．

　これで，コンピュータのしくみの話は完結である．少々面倒なところはあるにしても，原理的にはゲートやフリップフロップを組み合わせて，コンピュータが実現できるということが把握されればよい．そして，ここに説明したものより相当複雑なCPUがLSIで実現され，市販されているし，さらにもっと複雑で高性能なCPUがVLSIとして実現されており，それらのマイクロプロセッサが，パソコン，ワークステーションのCPUとして盛んに使用されている．

まとめ

　1　CPUの1つの設計例をみたが，少数のレジスタとそれらの間のデータ転送路と

なるバス(この設計では3つの内部バスを使っている)と，データを加工するALUとシフタ，それに制御部は命令を解読し，CPU各部からの情報を得て，ゲートの開閉を指示する信号を出す．その信号をもとに，クロック信号に同期して1ステップずつ実行していく．
2 バスからレジスタへのデータの取り込みは，クロック信号を与えることによって行なう．1つのバスには多数のレジスタなどが接続しており，同時にデータを流すことは禁じられる．そこで，トライステート回路を使って，制御部が複数の回路からバスへ信号を流さないように制御信号を出している．
3 命令の取り出し，命令の実行などは，レジスタ間転送を順次実施することで行なわれる．この際，同じバスを使うレジスタ転送は実行しないようにするため，ステップを踏んで，順次実行することになる．そのため，実行順序を制御する必要があるが，これを行なうのが制御回路である．
4 制御回路は順序回路であり，順序回路として設計・実現できる．多様な実現法があり，高速動作を目指すときは固定配線型，低価格を目指すならマイクロプログラム方式が選択される．
5 コンピュータの本質は，このCPUの説明でわかるように，主記憶におかれたプログラムから命令語を1つずつ読み出しては，解読・実行をただひたすらに繰り返す機械であるということである．

演習問題

8.1 バスとはどういうものか，説明せよ．
8.2 バスにおいては，同時通信量があまり多いとバス待ちが増えるが，CPUの命令の実行を考えるとそれほど通信量は多くないといえる．いくつかの命令の処理について，このことを調べてみよ．
8.3 PDP-11の命令を想定して，制御部を順序機械とみるなら，入力数，出力数はだいたいどのくらいになるか．また，1命令の処理に平均3状態を要するとして，状態数を粗く見積もってみよ．
8.4 CPUのクロックをより速いものに取り替えるとどういうことになるか考えよ．
8.5 図8.1の構成図では，内部バスを3本使っている．これを1本に減らすこと

は可能だろうか．

---
coffee break

マイクロプログラム

　制御回路を本文で説明したように順序回路として設計すれば，速度的にも回路的にも高性能のものが得られる反面，設計変更がむずかしい．また，IC として実現する際，回路に不規則な部分が多く，面積を多く必要とし，コスト増につながる，というデメリットもある．これに対して**マイクロプログラム**(microprogram)方式という方法がよく使われる．これは制御回路の仕事が複雑なので，回路として固定するのでなく，プログラムとして与え，それをもとに制御動作をする，より小さいコンピュータを制御部内に作るものである．プログラム部分は ROM に書き，それを読み出しては適当な制御動作を順次していくのである．

　このようなマイクロプログラム方式は，速度に関しては順序回路方式にくらべて遅くなるが，プログラム部分は規則的な構造であり，IC で作成するのには適している．また，プログラムとして制御動作を記述できるので設計しやすいという利点もある．マイクロプログラム方式はその意味で重要な方式であるが，詳細はコンピュータ設計の本にゆずる．

9 オペレーティングシステム

オペレーティングシステム(OS)は，コンピュータシステムを使う際の縁の下の力持ちのようなソフトウェアである．そのはたらきについて簡単に見てみよう．

9-1 オペレーティングシステムの位置づけ

　以下，特定のオペレーティングシステム(以下，OSと略記)ではなく，OS一般に見られる機能や特性を取り上げる．そのため，用語面ではいろいろのOSの用語を混用したり，一部簡略化しての説明になる．これで基本的な概念を把握していただければ，具体的なOSについて詳しく知りたいときにも位置づけがしやすくなるであろう．

システムプログラムとアプリケーションプログラム
　オペレーティングシステムを動かすことで，その上の種々のソフトウェアが動く．図9.1で，**システムプログラム**[†]と**アプリケーションプログラム**[†]という言葉が登場している．
　システムプログラムには，オペレーティングシステムも含まれるが，それ以外に**コマンドインタプリタ**[†]，**ウィンドウシステム**[†]など主としてOSと人間と

```
┌─────────────────────────────────────┐
│ ワープロ，表計算，給与計算，        │
│ 組み込みシステムプログラム，         │  アプリケーションプログラム
│ 座席予約システム，                   │
│ WEBブラウザ，                        │
│ コンパイラ，エディタ                 │
├─────────────────────────────────────┤
│ コマンドインタプリタ，ウィンドウシステム │ システムプログラム
│ - - - - - - - - - - - - - - - - - - │
│ オペレーティングシステム             │
├─────────────────────────────────────┤
│ コンピュータ                         │  ハードウェア
└─────────────────────────────────────┘
```

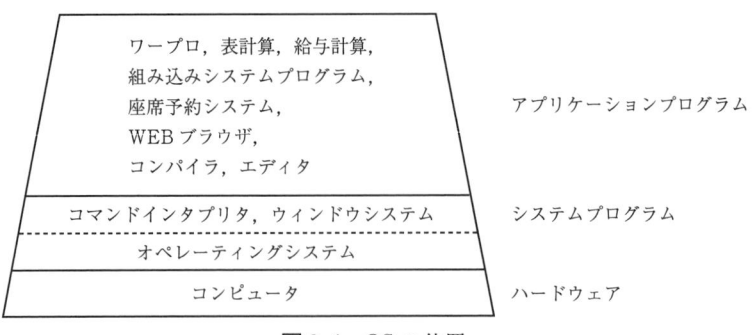

図 9.1　OS の位置

のインタフェースを担当するプログラムがあり，これらは，OS の上で動き，OS と一体化した感のものもある．また，アプリケーションプログラムを開発するための**エディタ**[†]，**コンパイラ**[†]，**リンカ**[†]，**アセンブラ**[†]，**デバッガ**[†] 等々をシステムプログラムと分類することが多かったが，最近はコンパイラやエディタは独立した製品として販売されており，アプリケーションプログラムと見る方が自然かもしれない．

　アプリケーションプログラムは，特定業務のために，(つまり，特定の問題に対処するために)作られるもので，給与計算や財務管理などのプログラムが歴史的には古い応用である．業務対応のプログラムは非常に多く作られている．汎用のものとしては，**ワードプロセッサ**[†]，**表計算ソフト**[†]，**データベースソフト**[†]，**Web ブラウザ**[†]，**CAD ソフト**[†] などがある．大規模なものとしては銀行のオンラインシステム，みどりの窓口のような座席予約システムなどがある．

　逆に，小さくて目立たないが，組み込み計算機のプログラム，たとえば，電子レンジや洗濯機(せんたくき)など家庭電化製品の中に含まれるもの，プリンタやファックス，その他多くの情報機器に含まれるもの，カメラや自動車などに組み込まれているメカトロニクス対応のものなど，産業的には重要なものである．ゲームソフトも日本の得意な分野のアプリケーションプログラムである．

　OS はコンピュータの資源を有効に利用することと合わせて，これらのアプリケーションプログラムを作りやすくするのにも重要な役割を果たしている．実際，OS がないとすると，はだかのコンピュータの上で直接動くプログラム

を作らなければならない．これはそのコンピュータのハードウェアについての詳細な知識がなければ書けない．キーボードから1文字読み出したり，マウスからの割り込みに対応したり，とくにディスクなど高度な装置のプログラムは相当複雑であり，プログラム作業は非常に困難なものとなろう．これら扱いにくい部分をOSはもっと使いやすいように見せてくれる．それはどうするかというと，物理的なデータの扱いでなく，より人間の扱うデータの形に近いイメージで扱えるようにするのである．その具体例はあとで説明するファイルシステムである．いわば，コンピュータの拡張命令を提供して，より使いやすいコンピュータを仮想的に作っているとも言える．その意味で，**仮想機械**†を作るのがOSの役割なのである．

まとめて言えば，OSは大きく見れば，2つの機能をもつ．1つはより高度な機能をもつかのように**仮想化**†する．1つは多種多様な資源を最も効率よく活用するように管理を行なうということである．ここで，OSのいう**資源**(resource)は，コンピュータの計算能力，コンピュータの時間，主記憶やディスクの記憶域，各種の周辺装置などである．

9-2 OSのサービス

OSはアプリケーションプログラムやユーザに種々の機能を提供する．どういうサービスをするかはOSによって細部は違うが共通的，基本的なものは次のようなものがある．なお，あとの説明ではOSのサービスをうける方をクライアントと呼ぶ．

　　　入出力
　　　ファイル管理・入出力
　　　メモリ管理
　　　プロセス管理
　　　その他(日付け，時刻，システム情報等)

プログラムに対して

ここではプログラムの例として，3角形の3辺の長さ a, b, c を測量して3角

形の面積を Heron の公式で求めるものを示す．Pascal という言語で書いている(他の言語で書いていても本質は同じサービスが求められる)．

① **program**　Heron(input, output);
② **var**　a, b, c, s, ss : real ;
③ **begin**
④ 　　　writeln('3 辺の長さを入力してください') ;
⑤ 　　　write('a=　') ; readln(a) ;
⑥ 　　　write('b=　') ; readln(b) ;
⑦ 　　　write('c=　') ; readln(c) ;
⑧ 　　　s := (a+b+c)/2 ;
⑨ 　　　ss := sqrt(s * (s−a) * (s−b) * (s−c)) ;
⑩ 　　　writeln('面積=　', ss : 5 : 3) ;
⑪ **end**.

簡単に説明する．

①：プログラム頭部．Heron はプログラムの名前である．(　)内の宣言で input となっているのは，標準入力装置キーボードからデータを読み，標準出力装置 output とされているディスプレイに出力することを指定している．ディスプレイのない時代では output はラインプリンタを意味していた．

②：5つの実数型の変数 a, b, c, s, ss を使うことを宣言．

③—⑪：begin end でプログラム本体が括られている．

④：ディスプレイへメッセージを出力(write はラインプリンタへの出力の頃のなごりである)．

⑤—⑦：a, b, c の値を各変数に読み込む．

⑧：/ は割算を示す．

⑨：開平は sqrt と書く．* は乗算．

⑩：結果の出力．

このように高水準言語では簡単に書けるが，これをアセンブリ言語ですべて書くことは大変なことである．想像力を働かせて考えて欲しい．たとえば，sqrt は開平ルーチンである．これらはコンパイラの作成者がライブラリに用意

してくれるのが普通で，高水準言語でのプログラマはこのようなルーチンを作るという労苦からは解放されている．readln(a)は，この場合は a という変数へ読み込む．ユーザはたとえば，61.34 などと1文字ずつ入力する．そして，readln の後ろに ln がついているのは enter キーを押すまでの入力を1行として読み込むという働きをする．数字を入れ間違うこともあるが，これを back space キーで消して入力し直すなどの修正ができる．表示を確認して，最後に enter キーを押したところで，それまでの数字入力を取り込むという意味である．このようなサービスを OS がやってくれるのである．なお，1字ずつ読み込まれた数字列から，(実数型の内部表現である)浮動小数点表現への変換は，10進2進変換と同じ要領で変換すればよい．ただし，小数以下の処理が必要となる．これもプログラマは気にしなくても，コンパイラの用意した手続きがやってくれる．

また，⑩の write 文は，まず ' ' で括った文字列を出力する．また，ss:5:3 という指定があるが，これは ss の値を整数部を5桁(5桁以上になるときは必要な桁数)にし，また，小数部は3桁の10進表現に変換して出力するものである．この場合も文字列を画面に表示するのは OS が分担する．

このように面倒なところは言語に備え付けの標準手続き(read, readln, write, writeln など)，標準関数(sqr, sqrt, sin など)が用意してあるので楽になる．そして，それらは実は OS の助けで実際の表示や読み込みをする．

OS へのリクエスト

いま説明したように，入出力などの仕事は OS の入出力の助けを借りている．OS はこの場合はキーボードからの読み込みを担当し，また，write 文に対応してディスプレイへ出力をする．これらの機能を利用するには OS へ指令する方法が必要である．

PDP-11 では，8章で簡単に説明した EMT 命令を使って OS へ各種の依頼を伝える．これは OS への仕事の依頼をするもので，OS へのリクエストとか，あるいは，システムコールなどと呼ぶ．

    EMT リクエストコード

この割り込みは優先度の関係で待たされることもあるが，取り上げられると

割り込む．そしてその処理ルーチンに入る．その中で命令の下の8ビットの値を読み出す．それはプログラムからOSへの依頼の種類を示すものでリクエストコードという．依頼内容は，たとえば，1文字の出力依頼でもよいし，もっと複雑な依頼でもよい．簡単な依頼の場合は引数も簡単でスタックで渡してもよい．もっと大量の引数の場合は，引数をまとめて(ブロックにまとめ)主記憶におき，その先頭番地だけをスタックで渡すという方法をとる．これは伝票に必要な情報を書いて担当課に渡すのに似ている．この伝票に相当するものをリクエストブロックと呼ぶ．OSの処理が終わればRTI命令でもとへ戻る．

ユーザに対して

OSはアプリケーションプログラムとハードウェアの間にあるだけでなく，コンピュータとユーザとの間にもある．同時に複数のユーザに対してサービスするTSSのような場合から，パソコンのように単一のユーザを相手にする場合もある．ユーザからみると，何人のユーザが同時に使っているかは通常意識されない．あくまで，自分1人に対して，コンピュータが仕事をしているかのように思わせる．できるだけ使いやすいように，インタフェースを工夫する必要がある．ユーザインタフェースについては相当研究もされ，昔に比べればコンピュータも相当使いやすくなった．これもパソコンの普及の要因になっている．

歴史的には，はじめはキーボードかコンソールパネルのスイッチなどを操作することで，人間はOSに指示を与え，その応答は**テレタイプ**に印字された．入力装置がキーボードになり，ディスプレイが使われるようになったが，長い間，コマンド文字列を打ち込み，応答の文字列が表示されるという**CUI**†の時代が続いた．その際，コマンドインタプリタと呼ぶプログラムが，コマンドを解読し，その指示をOSに取り次いで，ユーザにサービスする．

時代が下り，マウス，カラーモニタが使え，かつ，その画面解像度が向上するようになって，今日見るウィンドウシステムがユーザインタフェースに使われるようになった．ここでは，文字列でなく，より直感に訴えるグラフィックスを多用する(**GUI**†と呼ぶ)．

小さな**アイコン**†と呼ぶ図形がそれぞれの意味をもち，それをクリックする

ことで，そのアイコンの表わすサービスが直ちに実行されたり，メニューが現われてもっと詳しい情報を与えることで，指示を与えるとそれを実行する．マウスはこの他にダブルクリックやドラッグなどの操作ができ，複数個ボタンをもつ場合は，どのボタンを押すかで別の指示も与えられる．マウス以外にも，画面上の位置を指示する**ポインティングデバイス**†は多様なものが考案され使われている．位置を指示するという点ではマウスと同等の働きをするものといえよう．これらは画面上の位置を指示するが，3次元空間の位置を指示したり，力の入れ方を感知したりすることで，3次元の物体を仮想的に扱う仮想空間の研究なども盛んに行なわれている．

また，音声で指示を伝えることもできるシステムも使われている．これはマイクを通して入ってくる人間の声の音声認識を行なって，キーボードやマウスクリックの代わりに指示を聞き取ろうというものである．

このように，人間にできるだけ使いやすいものを目指したインタフェースの研究は盛んに行なわれており，使いやすさは向上している．OS は，その前のコマンドインタプリタやウィンドウシステムの解釈した指示を受け取って，実行し，必要な応答をするという意味では本質的にはあまり変わりはない．

さて，ユーザから OS にいろいろの指示を出せるようであるが，実際はどういうことを行なっているだろうか？ いろいろできるみたいであるが，よく見ると，多々ある機能は，OS の機能ではない．たとえば，ウィンドウのデスクトップに並んでいるアイコンの表わす機能は多くはアプリケーションを呼び出すことで実現される．つまり，その機能は OS の固有の機能ではない．OS がやっていそうな機能を探すなら，まず使いはじめに，ユーザは**ログイン**†を行なう．通常，ユーザ名と**パスワード**†の入力が求められ，登録したものと矛盾がなければ，以下使用できるが，そうでなければ，使用できない．このような**ユーザ認証**(user authentication)の仕事は OS に不可欠の仕事である．しかし，実際の OS 本体がその仕事をするのでなく，ログインプログラムというプログラムを呼び出すことしかしないものがある．この場合は，ユーザの指示で，アプリケーションが起動されるということではないが，OS が必要なプログラムを起動しているということで，アプリケーションプログラムの呼び出しと同じ機構

を使っている．ただ，このログインプログラムがアプリケーションプログラムであるという意味ではない．やはり，広い意味ではOSと一緒に提供されるものであり，OSの一部とみなしてもよいであろうが，他のアプリケーションの起動と同じような仕組みを利用しているということである．ここで，OSとともに提供されるシステムプログラムも含めてOSということがあるが，これは広義のOSとし，OSの本来の機能を果たす中核部分だけを狭義のOSと呼ぶことにする．どちらもOSと書くが，文脈や機能からどちらの意味かは汲み取れるであろうし，判別していただきたい．初期のOSはある程度，コマンドを直接処理したが，どんどん機能が複雑になってきて，それぞれ担当のプログラムを用意して，OSは対応するプログラムを適切に起動するという形になってきている．

9-3 使用形態

安くなったというものの，低価格のパーソナルコンピュータを別とすれば，計算機はやはり極めて高価な機械である．その性能を十分に引き出して使わないと不経済この上ない．計算機のハードウェアと，それに密着したOSは，この高価なシステムをできるだけ有効に使うことを目指して発展してきたといってよい．計算機は非常に高速であるが，それを使う人間や，周辺の機械的動作を伴う入出力装置などの処理速度は低い．そのスピード差をどう吸収するかがはじめの課題である．

スピードの差

ここで問題となるのは，計算機の本体の部分(CPUと主記憶)はマイクロ秒以下で命令を実行していくのに対し，機械的な動作を伴う入出力機器は1ミリ秒から数百ミリ秒という動作時間のものが多い．また，人間はキー1つ押すのに，0.1秒以上の時間を要する．このスピードの差を図9.2に示す．

OSはユーザが与えるそのときどきの指令によってさまざまの仕事をする．この指令を**コマンド**[†](command)と呼ぶ．ユーザのしたい仕事(これをジョブ(job)と呼ぶ)を実行するには，通常何ステップかのコマンドを与える必要があ

1s	10^0	
0.1s	10^{-1}	キーイン，マウス操作(人間)
0.01s	10^{-2}	プリンタ(1字)
1ms	10^{-3}	磁気ディスク
0.1ms	10^{-4}	
0.01ms	10^{-5}	
1μs	10^{-6}	
0.1μs	10^{-7}	1命令の実行
0.01μs	10^{-8}	
1ns	10^{-9}	ゲート

図9.2 時間のスケール(msはミリ秒，μsはマイクロ秒，nsはナノ秒)

る．コマンド1つでできる仕事をジョブステップ(job step)と呼ぶことがあるが，いくつかのジョブステップを実行してユーザの仕事，すなわち，ジョブが実行されることになる．ユーザがジョブステップのコマンドをすべていちいち与えるのは面倒でもあり，1つのジョブを実行するコマンドの並びをマクロ[†]として，1つの名前を付けて扱うこともできる．

以下，歴史的にコンピュータの使用形態の代表的なものを見ていく．

占有使用

パソコンはユーザが使いたいときにコマンドをキーボードから1つずつ打ち込んで使う．あるいは，最近はGUIが使われるようになって，マウスで画面上のボタンをクリックしたり，メニューを開いたり，ダイアログを開いて必要なデータをキーボードから入力するなどの方法でもコンピュータ(実際にはOS)に指示を与えることができる．このような使用法では，1人での占有使用であり，計算機の遊休時間は相当大きい．

コンピュータが使われ始めた頃は，やはり1人での占有使用状態であった．もちろん，高価な装置であり，使いたい人も多かったから，時間を区切って，相当早くから予約して使うというような運用をしていた．このとき，たとえば，(1週間に1回)2時間の使用時間を貰うと，その間を最大限有効に使うことを目指して，周到な準備をしていくことになる．そうしないと，もしプログラムに虫[†](bug)があって，動かなければ，**デバッグ**[†](debug)作業に時間をとられてしまう(→10章)．また，時には予定より早く計算が終わってしまうこともある

から、次の作業も用意しておくこともある．予定した時間内に終わらないと，次のユーザに迷惑をかけるが、もう少しで終わるというようなときは、延長させて貰って、次の機会に時間を返すというようなこともあった．つまり，ユーザ間で適当に融通を付けたりしていた．常に高価なコンピュータを動かし続けるというのはなかなかむずかしいことであった．1人で好きなだけ使える時代が来るなどとは当時は想像もできなかった．しかし、最近は高性能のパソコンを個人で使える時代になったのである．

一括処理

これは当初の占有使用の次の使用形態である．いちいちコマンドを与えるところは，人間がキーインするとどうしても遅い．人間の介入が多いほど，仕事のはかどり具合(これを**スループット**†という)が低下するから，できるだけ、人手の介入をさけるというのが次の考えになる．あらかじめ、1つのジョブに必要なコマンドとプログラムとデータを**パンチカード**†にパンチして、順にならべたものを作り，計算センターの窓口に渡す．センターではこのカードをカード読み取り機にかけ、その内容を磁気テープに写していく．ある程度のジョブがテープに入ると，これをコンピュータの方で最初から読みながら、一定の方法で(たとえば，先着順、あるいは，特急扱いと普通扱いのものを区別したりというように)スケジュールを組み，次々実行する．

　出力はやはり磁気テープに次々吐き出されてくる．ある程度のデータがたまると，このテープから印刷機にデータを打ち出す．こうすると、人手の介入はさけられ、計算機はほとんど休みなく働き効率はよくなる．しかし逆に、ユーザから見ると、プログラムやデータなどを計算機とは別のカードパンチャというものであらかじめ作成し、受け付けにジョブを渡し、その結果がプリンタから出力されたのを手元に受け取るまでの時間(**ターンアラウンドタイム**†と呼ぶ)は数時間から数日もかかっていた．しかも作ったプログラムが1回で正しく動作して完全な結果を得られることは稀であり、どうしても何回か不都合・不具合を訂正してやり直すということになる．1回の計算のターンアラウンドタイムが長いと人間の方の仕事が進まないことになる．

　このような方式を**バッチ処理システム**†と呼ぶ．多くのユーザからの仕事を

まとめて計算機にわたすことで，計算時間の多いジョブと入出力の多いジョブなどを混合し，平均化して，計算機とその周辺装置が比較的遊休する機会を減らし効率をあげるという考え方であった．そのために，図9.3のように複数のプログラムを主記憶に置いて，切り替えて実行する**マルチプログラミング方式**(multiprogramming)が採用された．ジョブ1のプログラムが入力待ちになったとすると，そこで待ちに入ってしまうのでなく，他の実行可能なジョブを探し，それを実行するのである．そのためには，ジョブ1を中断し，あとで，入力が得られたら再開できるような準備をして，そして，実行可能なジョブの中から1つを選ぶ．そして，選ばれたジョブの最初，あるいは，すでに中断されていたのなら，その続きから実行する．このように，いつもCPUを休まず働かせることができ，効率があがる．その世話をするのがOSである．このことを可能にするには，各ジョブが勝手に入出力をするのでなく，OSに依頼してやるという形に入出力の仕事を一元化する．ジョブの中断，再開はサブルーチンコールと同様でむずかしいことではない．このような工夫で，CPU，また入出力装置もあまり休むことなく稼働させられ，効率が向上する．こうして，OSの重要性が一層増した．

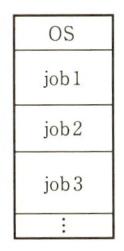

OS
job 1
job 2
job 3
⋮

図9.3　マルチプログラミングの時のメモリ配置のイメージ

しかし，直前に述べたように，ユーザからすると，バッチ処理システムは非常にサービスの悪いものである．つまり，プログラミングをする人間という貴重な資源に対する点で不満足なものであり，次に述べるTSS方式に移行した．

TSS

もっと直接ユーザにサービスするように考えられたのが，**TSS**[†](Time Sharing System, 時分割システム)である．これは多数のユーザが端末装置を介して，計算機と**会話的**†に交信しながら仕事を進められるようにしたものである．ユーザから見れば占有使用的感覚で使える．実際には，1台の計算機で何十人，何百人ものユーザのジョブを実行している．この秘密を探ろう．

　もちろん，高速の計算機を使用するということが必要であるが，ある時間 q (0.3秒とか，0.1秒とか，これを**タイムスライス**†と呼ぶ)が決めてあり，あるジョブを q 時間実行すると中断して(もちろん，続きを実行できるように手配はしておくが)その時点で優先度の高いジョブをえらび，その実行に切りかえる．選ばれたジョブが中断されていたものなら，それまでの続きの処理を行なう．一般に，あるジョブを実行中に，

(a) 割り当てられたタイムスライス q 時間を消費してしまったとき

(b) そのジョブがデータの入力や出力が必要になり，入力や出力の完了を待たねばならないという待ち状態になったとき

(c) あるいは，もっと緊急度の高い仕事が発生したとき

にそのジョブの実行は中断される．そして，そのとき，もっとも優先度の高い仕事に切りかえる．ただ，(c)の条件だけでは，ある優先度の高いジョブが来ると，それより低いジョブはいつまでも放っておかれることになり，そのユーザは何の応答もない端末の前でいらいらしながら待たねばならないことになる．そこで，q という打切り時間を決めて，できるだけ，各ユーザに待たせないという配慮をしている．このように，時間を q という単位に区切ってユーザにサービスするので，時分割システムと呼ばれるのである．この q について少し検討してみよう．いま，$q=1/3$ 秒として，100人の人が使っているとする．公平に順番をまわすとすれば，33秒に1回，1/3秒のサービスが回ってくることになる．ただ，これでは，コマンドを打込んでも，33秒も待たないと返事が来ないことになり，「会話的」などと言えたものではない．ユーザが何らかの指令を打込んで，その返事が現れるまでの時間を，**応答時間**†という．これが短かいほど，ユーザは即応的であると感じる．その意味でこの数値は小さいことが望ましい．TSSの性能の重要な指標の1つである．実際には，33秒も待つということはほとんど起こらない．というのは，TSSではプログラムの作成段階から端

末を使うので，ユーザの仕事のほとんどはプログラムを入力したり修正したりする編集作業である．この作業は，キーボードで1字ずつ入力するので，人間のキーイン速度で決まりコンピュータに比べると格段に遅い．さらに人間はただ機械的にキーを叩くのでなく，途中で考えたり(この間を**思考時間**†と呼んでいる)する．したがって，1字入力されて次の入力が来るまでは，数秒程度の時間がかかることも普通である．計算機のコマンドは普通，数文字から十数字は必要であるから，ある指令を打込むにも数十秒程度かかるので，(計算機の速度を基準に考えると)かなりの時間がかかる．したがって，計算機の方は，実はそれほど忙しくはなく，多数のユーザが使っていても，応答時間は短かくほとんど待たされるという感じはしない程度になる．これが多数が使っていても占有感覚で使える秘密である．

しかし，あくまでも1台の計算機で処理しているのであり，状況によっては，多数のユーザが編集作業でなく実行を指令すると，応答時間は極端に悪くなることは実際にありうる．そのバランスをどうとるかが，システムの設計と運用の問題となる．ユーザが少ないときなど，TSSの作業だけでは計算機が遊んでしまうので，空いているときは，バックグラウンドで，バッチ処理も流すようにして，とにかく高価な計算機をできるだけ遊休させないように工夫している．

仕事の総量に対して，計算機の能力が余りすぎると計算機は遊んでしまうし，あまりに計算機の能力を越えた仕事があると，TSSでは，応答時間が急激に悪くなるということがあり，能力に見合った計算機を導入する必要がある．

Q 9.1 計算機以外のシステムでもできるだけ設備を遊休させない運用をすることが重視されることは少なくない．例をいくつか探し比較してみよ．それらのシステムでは仕事の切り換えや段取りはどのように行なっているか？ 計算機システムは段取りや切りかえを自分自身で，より正確には，計算機の上で動作するオペレーティングシステムというソフトウェアがその管理を行なっている．

実時間処理

化学プラントやエネルギープラントなどの制御用計算機を考えてみる．この場合，計算機は数百から数千にもおよぶ各種測定点のデータをセンサから一定周期で読みとって，正常の運転かどうか監視している．もし，なにか異常があ

ると，測定点から計算機に異常状態の発生を知らせてくる．計算機はそれにより割り込みを受け，現在の仕事を中断して必要な処理に切りかえる．この点はTSSとも似ているが，このようなシステムでは，一刻を争うような処理もある．一般にある事態が発生してから，それに必要な処理を完了するまでに時間の制約が課せられるとき，**実時間システム**†(real time system)という．

　Q 9.2　多くの制御システム(プラント制御，新幹線の列車制御，航空管制システム，広域道路交通管制システム，電力システムなど)は実時間システムである．これらの例について，どれくらいの処理時間におさえるべきかを考えてみよ．

オンライン・システム

オンライン・システム†(on-line system)というのは，多くの端末装置が遠隔地に設置され通信回線で接続された状態で動作するシステムである．仕事の発生した地点で，計算機のサービスをうけ，結果がそこに得られるという意味で，ユーザと計算機の距離を縮めるものである．多くのシステムはサービスの速さも重要であり，オンライン・リアルタイム・システムというべきものがほとんどである．

　Q 9.3　この例としては，銀行や郵便局のオンライン・サービスがある．これ以外にも意外と身近に多くのシステムが最近はふえてきている．他に例がないか，探してみよ．オンラインであるからには，センタシステムと通信線でつながねばならない．

計算機ネットワーク

上に説明したオンライン・システムは中央集権的なシステムであるが，各地にある計算機を通信網に接続して，ネットワーク化することがふえてきた．資源の共同利用，障害時の対策，多様な情報の通信など多くの目的に使われている．計算機ネットワークでは，1つのビル内とか，敷地内というような範囲のネットワークをLAN(ラン)と呼ぶのに対し，国内の支店と本店を接続したものとか，大学ネットワークとか，あるいは，世界中にはりめぐらされたネットワークなどをWAN(ワン)と呼ぶ．また，ネットワークのネットワークである，インターネットが広く使われるようになった．これらについては，12章で述べる．

組み込み使用

表面には現われないが，コンピュータが重要な一部として含まれている場合を組み込み使用といい，そのように使われるコンピュータを**組み込みコンピュータ**†と呼ぶ．各種の実験装置や，医療装置にミニコンピュータやマイクロコンピュータが組み込まれている．そして，装置の運転が容易になったり，データの蓄積解析が人手をわずらわせず，高速・正確にできる．また，民生用の多くの製品にもマイコンが組み込まれて，機能の向上に寄与している．

Q 9.4† 家庭内で使用している電気製品などで，マイコン内蔵と明示してあるものはいくつあるか．タイマー機能(予約や，指定時間でオフになる機能)あるいは，時計でないのに，時間の表示ができるようになっている製品はどれくらいあるか．

Q 9.5† コンピュータの種々の用途について，この節で説明した利用形態のどれにそれぞれ該当するかを考えよ．

9-4 その他の機能

OSのサービス，機能についてはまだまだ面白い話題が多い．OSはもっともよく活動するソフトウェアであり，効率のよいこと，よいサービスを提供することなど，常に最高の技術をつぎこんで作られるべきものであるからである．何回か仮想化という言葉を出しておいた．コンピュータの本来もっている機能(物理的機能)だけではユーザは非常に使いにくい．そこで，種々の装置間の差違を隠して，論理的には，どの装置も同じように使えるようにする入出力管理，ファイルやディレクトリという論理構造を作って使いやすくするファイル管理，主記憶の狭い物理アドレス域を**仮想記憶方式**で大きな論理アドレス域を提供するメモリ管理，多くのプロセスが同時に動いているかのように見せたり，CPUや装置の効率的利用をはかるプロセス管理など，いずれも「仮想化」である．

高価なコンピュータをできるだけ無駄なく運用することが至上命題であったのは過去のこととなり，高性能のCPUが安価に利用できるようになって，OSのもう1つの使命，「ユーザにできるだけ使いやすいコンピュータにする」ということに重点は移っていくのではないだろうか．また，11, 12章で述べるが通

信との関連もより重要になろう．

OSに対する要求

①計算機資源の効率的使用のための管理

計算機資源というのは，計算機を運用する際に必要とされる各種の資源をいう．たとえば，CPUや主記憶などの本体部分，ディスクなどの補助記憶装置，入出力装置など，また，消耗品なども含まれる．そして，運用スタッフなど人的資源も考えることもある．

②仮想化

各種の機器の物理的な性質の違いを吸収して，統一的な見え方にすることをいう．具体的な機器の特性から一段抽象化して見せることを論理的ということがある．たとえば，物理入出力に対して，論理入出力という言い方をした．

③データの管理

基本的なファイル管理についてみたが，今では非常に高度なデータ管理を必要とするようになっている．たとえば，データベース管理システム．

④通信管理

孤立独立していた計算機だが今では複数の計算機がネットワーク化されつつある．通信機能がOSにおいても比重をましてきた．

⑤例外・異常処理

PDP-11のDOS†のソースプログラムを一部読んだときに一番驚いたのは本来のやるべき処理はごく簡単であるにもかかわらず，非常に入り組んだプログラムになっていることであった．それはユーザの誤操作や機械の誤動作など例外や異常事態が起こっていないかをいちいち厳密にチェックし，できるだけ悪影響がないようにするためである．

たとえば，ディスクからデータを読み出そうとして，エラーが検出されると，同じブロックを何回か繰り返して読もうと試み，たとえば，8回繰り返しても正しく読めなかったときはじめて「ディスクの読み取り異常」としてオペレータに伝えるというような処理をしていた．

⑥よりよい人間機械インタフェース

計算機はもっと人間に使いやすいものにならねばならない．OSのサポート

がより重要になる．

OSの構成
OSは広義には次のように大きく2つの部分からなると考えればよい．
・制御プログラム(狭義のOS)
　　　データ管理
　　　プロセス管理(タスク管理)
　　　ジョブ管理
　　　障害管理
　　　通信管理
　　　通信
　　　マルチメディア処理
・処理プログラム
　　　言語プロセッサ(言語処理系)
　　　ソフトウェア・ツール
　　　ソフトウェア・パッケージ

ま と め

1　オペレーティングシステムは，アプリケーションプログラムとコンピュータの間にあって，アプリケーションプログラムやユーザに，基盤的サービスを提供する．

2　オペレーティングシステムは，一言でいうと種々の仮想化を実現するものと言える．使いにくいはだかのコンピュータを使いやすくしたり，実メモリの少ないコンピュータをディスクの記憶域を使って，その制約を感じさせずにプログラムをつくれるようにする仮想記憶機能などである．

3　当初は，高価なコンピュータを効率的に使用できるように，人間の介入を減らす事を目的として発達してきたが，いま考えると仮想化というのがOSを規定するのに適当と言えよう．

4　OSは種々のプログラミング技術の宝庫とも言える巨大なソフトウェアであり，種々のアイデアが盛り込まれている．

演習問題

9.1 オペレーティングシステムは，アプリケーションプログラムが動いている間は何もできない．では，再びオペレーティングシステムが動き出すきっかけは何だろうか．

9.2 プログラムが終了するとき，HALT（CPU停止）命令が実行されるとコンピュータはそこで停止してしまって，オペレーティングシステムの管理も及ばなくなる．それで大丈夫か，考えてみよ．

9.3 オペレーティングシステムの機能は，ソフトウェアの働きによって，もとの機械にない機能をもたせるものであると述べた．では，いかに仮想化しようとしてもできないことがあるとすれば，それは何か，考えよ．

9.4 あるコンピュータの動作速度より大体100倍遅い昔のコンピュータのマネをさせることはできるだろうか．昔のゲームソフトを最新鋭のパソコンで動かすとあまりにも速く動きすぎて，まったく遊べないということもあり得る．そこで，そういう場合に，体感的にあう速度で動くようにすることである．

10 コンピュータとソフトウェア

コンピュータのソフトウエアも最近は種々のものがあり，プログラムを作らなくても多くの仕事をこなすことができるようになっている．しかし，ここではまず，プログラムを作ってコンピュータを使うという基本的な場合の作業の流れを簡単に見ておこう．

10-1 データ処理の流れ

コンピュータの起動

　コンピュータは動作の指示書，すなわち**プログラム**がなくては動かない．その具体的な姿は別として，プログラムとコンピュータとの関わりを見ていこう．コンピュータのデータ処理という側面に着目しよう．そのため，文書の作成・編集（ワードプロセシング）とか，2次方程式を数値的に解くといった，データを処理するという「機能」を，図10.1に示したような野球のホームベースに似た形で表わすことにする．コンピュータそのものは図10.2のように，左側がへこんだ形で表わす．そして，図10.3のように，右側にふくらんだ円弧をもつ箱がプログラムである．たとえば，コンピュータにワードプロセシングのプログラムを与えると，図10.4のような組合せによって，結果として図10.1(a)のよ

> WP

> QE

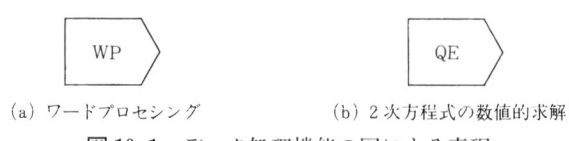

(a) ワードプロセシング　　　　　(b) 2次方程式の数値的求解

図 10.1 データ処理機能の図による表現

> M

コンピュータ M

図 10.2 データ処理機械の図による表現

> WP

> QE

(a) ワードプロセシング用　　　(b) 2次方程式数値的求解
　　プログラム(M用)　　　　　　　プログラム(M用)

図 10.3 データ処理プログラムの図による表現

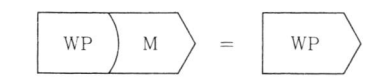

> WP > M ＝ > WP

図 10.4 ワードプロセッサという機能の実体

うに機能するとみるのである．

　ここで，図 10.3 のプログラムが「(コンピュータ)M 用」としてあることに注意してほしい．M 以外のコンピュータに対しては，このプログラムは適合しない．つまり，正しく動作しない．

　さて，電源を入れてオペレーティングシステム(OS)が動くという過程は，よりくわしくみると次のようになる．まずコンピュータの電源を入れると，コンピュータの ROM(読み出し専用記憶，2-4 節参照)に入っている起動時プログラム[†](IPL)，イニシャルプログラムローダが動き(図 10.5(a))，オペレーティングシステムの中心部分を補助記憶から主記憶にもってきて動作するようにす

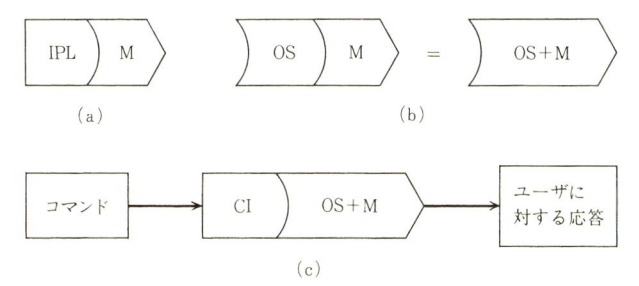

図 10.5　コンピュータの起動からコマンド処理まで

る．その状態が図 10.5(b) で，それを簡単に OS＋M と表現する．OS の箱の右側がふくらんでいるのは，それ自身プログラムであり，M によって(解釈されながら)実行されることを意味する．

また，左側がへこんでいるのは，別のプログラムが左に来たときに，コンピュータ M とともにそのプログラムの指示を(解釈して)実行することを意味する．ここでオペレーティングシステムはユーザからの指示を実行できる体制を整えるため，種々の必要なプログラムを補助記憶から主記憶に移し，実行させたり，待機させたりする．

図 10.5(c) は CI＋OS＋M がユーザからの指示を受け付け，応答しながらコマンドを処理する状況を示す．CI と略記しているのはコマンド・インタプリタである．ユーザの指示にしたがって，その指示を実行するプログラムを起動するという仕事をする．

以上からわかるように，プログラムは補助記憶(disk)にあっても実行できない．実行するときにはそれを主記憶にもってこなければならない[†]．その仕事をするプログラムを**ローダ**[†](loader)と呼ぶ．起動時プログラムもローダの 1 つである．**ロード**[†](load) は補助記憶から主記憶への転送で，その反対は**セーブ**[†](save) である．

10-2 いろいろなプログラム

機械語プログラム

コンピュータが実行できるのは、**機械命令**†(machine instruction)の列としてのプログラムである。これは数字の1と0を並べたもので、**機械語プログラム**†という。プログラムを作るということは、最終的にはこのような0と1のパターンからなる命令を決めることである。それぞれの命令の機能はかなり限られているので、意味のある仕事をさせるにはかなり多数の命令を組み合わせて実行しなければならない。ということは、プログラムを構成する命令の数はかなり多い。これを人間が間違いなく書くことはたいへんで、初期のパイオニアたちの苦労がしのばれる。

今日ではもう少し人間にわかりやすい形でプログラムを書き、それを機械語プログラムに変換するという方法をとる。しかし、最終的に機械語にするという点ではかわりはない。

アセンブリ言語とアセンブラ

機械語より人間にわかりやすいということで使われるのが**アセンブリ言語**†(assembly language)である。たとえば機械語で

　　0110000000000001

の意味が、「レジスタ0にレジスタ1の内容を加算して格納する」ということなら、アセンブリ言語では、これは

　　ADD　R0, R1

という表現になる。レジスタとはCPU内の記憶装置である。少しは人間にわかりやすい形になっていよう。レジスタ0と1をそれぞれR0, R1のように表現している。

このように、アセンブリ言語の命令表現は機械語命令と1対1に対応して、0と1のパターンを少しでも人間にわかりやすい形にしたものである。この表現から機械語プログラムへ変換する(アセンブルする)プログラムが**アセンブラ**†(assembler)である。アセンブラはプログラムに文法的な誤りを発見すればそのことを知らせてくれる。誤りを発見しなければ機械語プログラムを生成し

てくれる．

　アセンブリ言語は機械語に密接に関連しており，特定のコンピュータに対応して作られる．したがって他のコンピュータ向けのアセンブラで翻訳して使おうとしてもうまくいかない．このように，コンピュータの特性に密着した表現形態を**低水準**†であるという．低水準の言語にはそれぞれのコンピュータの特質を最大限に生かしたプログラムが書けるという利点がある．他方，あるコンピュータ用に作ったプログラムは他のコンピュータでは役に立たないという不利がある．とくに最近のようにコンピュータの進歩が速いときには，この不利は大きい．

高水準言語とコンパイラ

　アセンブリ言語と違って，コンピュータの機械語命令と1対1に対応しないかわりに，もっと人間側に近づいたのが**高水準言語**†(high level language)である．高水準とはコンピュータから独立しているということである．高水準言語を解釈して，特定の機械用の機械語命令の列に変換してくれる（コンパイルする）プログラムが**コンパイラ**†(compiler)である．高水準言語を機械語に翻訳するためには，その言語の文法と意味が正確に定まっている必要があることはもちろんである．また，コンパイラは機械語と，OSごとに作らなければならない．

　高水準言語で書いたプログラムの例はすでに9-2節でみたが，高水準言語では人間の自然言語にかなり近い形でプログラムを簡単に書くことができる．これをすべて機械語あるいはアセンブリ言語で書くことがいかにたいへんであるか，想像してほしい（→高水準言語の歴史†，代表的言語†）．

10-3　プログラムの実行

　プログラマが高水準言語で書いたプログラムを**ソースプログラム**†(source program)という．それを実行環境，すなわち，プログラムを実行するオペレーティングシステムとコンピュータOS＋Mに合わせてコンパイルすることで，OS＋M用のプログラムになる．これを**オブジェクトプログラム**†(object program)という．コンパイルは直接機械語に変換する場合もあるし，ひとまずアセンブリ言語に変換する場合もある．後者の場合はもう一段アセンブルするという作業が必要になる．

さて，もう一度 9-2 節のプログラムを見ていただきたい．その中の readln, write(ln) はデータの読み書きの手続きで，かなり複雑な処理を必要とするが，基本的な処理はオペレーティングシステムがやってくれる．一方，sqrt は平方根を求める関数を意味するが，通常のコンピュータには平方根を求める命令はない．これは加減乗除を組み合わせて計算しなければならない．コンパイルした結果のオブジェクトプログラムには sqrt や writeln などをどのように実行すべきかの情報はないから，翻訳しただけではそのような処理ができない．

実はこれらのようなよく使う機能は，標準関数や手続き†という形でプログラムで使えるようになっており，それに対応する部分はあらかじめコンパイルして用意してある．これを**ライブラリルーチン**†と呼ぶ．ソースプログラムをコンパイルしたあとは，必要なライブラリルーチンをそれにつなぐ作業をする．これをするのが**リンカ**†(linker, リンキングエディタともいう)というプログラムである．こうしてできたものを**実行形式プログラム**†という．最終的にこれをロードして実行するわけである．

このように，1つのプログラムも幼虫からサナギになり，蝶になるように，形を変えていく．図 10.6 にその過程をスケッチしている．この図ではプログラム

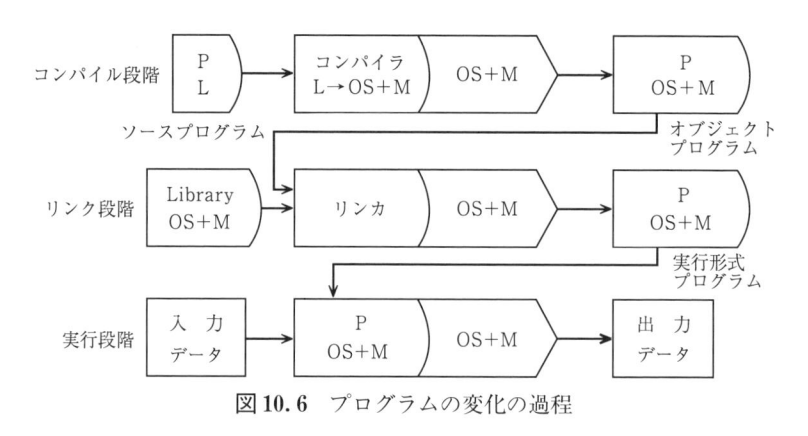

図 **10.6** プログラムの変化の過程

の変化をコンパイル段階†,リンク段階†,実行段階†の3段階に分けている.3段階の形の変化を経ても,その処理の機能そのものは変わらない.つまり形式はかなり変わるが,意味内容は変わらないように翻訳するのである.したがって,プログラムは意図した通りに実行されるということになる.

図10.6のソースプログラムのPとLは,Lという言語で書かれたプログラムPという意味である.オブジェクトプログラムは,実行環境OS＋Mに合う表現法に変わっているが,内容は変わらずPのままである.コンパイラのL→OS＋Mは,言語Lで書かれたプログラムをOS＋M用に変換するものであることを表わす.そのコンパイラはOS＋Mという実行環境で動くわけである.

リンク段階について少し詳しく説明しておく.コンパイラがオブジェクトプログラムを生成する際,リンク作業に必要な情報もいっしょに生成してリンカに渡す.リンカはその情報とオブジェクトプログラム,そしてリンクすべきライブラリルーチンを集めて1つの実行形式プログラムを作る.実行形式プログラムは機械語のプログラムであり,その中にオペレーティングシステムへのリクエストが埋め込まれている.これはプログラムの実行中に,入出力などオペレーティングシステムにやってもらうべきことがらがあると,それをオペレーティングシステムに通知するための機構である.コマンドはユーザからオペレーティングシステムへの通信であるのに対し,リクエストはプログラム内部からオペレーティングシステムへ仕事の依頼をする通信である.

ところで,プログラムを実行すること(execute, perform)を「**走らせる(run)**†」ということがある.また,あらぬ動き方をはじめたプログラムは「暴走している」という.実行段階のことを**ランタイム**†(runtime,実行時)ともいう.同様に,コンパイル時,リンク時などということもある.

インタプリタ方式

最近のパソコンには附属していないが,初期のパソコンには,高水準言語のBASICのインタプリタが付属しているのが普通であった.当時,あまり開発環境も言語も揃っていなかったから,BASICが使えるということはなんとかプログラムしてパソコンを使えるということで,有用ではあった.

それは図10.7のように書ける.BASIC言語で書かれたプログラムPで入力

```
入力データ x  →  P BASIC  ⟩ BASIC OS+M ⟩  OS+M  →  出力データ y
```

図 10.7 インタプリタ方式

x を処理し，出力 y を与えるためのものである．ただ，ここでできたソースプログラムは実行環境 OS＋M の上で直接動くのではなく，BASIC(OS＋M) とともに動く．この BASIC というプログラムは**解釈プログラム**†ということになる．つまり，それ自身もプログラムであって，OS＋M の上で動くが，自分で何か処理をするのではなく，BASIC という言語で書かれたプログラムをいちいち見ながら解釈して実行していく．コンパイラはソースプログラムをあらかじめ機械語に翻訳してしまうのに対し，こちらはプログラムを逐次的に，(翻訳に対比していうなら，同時通訳的に)解釈しては実行するのである．これを **BASIC インタプリタ**(interpreter)といい，こういう処理方式を(先のコンパイル方式に対比して)**インタプリタ**†**方式**という．

コンパイル方式とインタプリタ方式はよく比較されるが，どこが違うのだろうか．処理の形態としては図 10.6 と図 10.7 の違いがある．コンパイル方式は何段もの翻訳やリンクなどの処理を経るため，すぐ実行というわけにはいかない．

インタプリタ方式の場合はエディタ(編集プログラム)も組み込まれた一体環境(**統合開発環境**†)になっているので，プログラムを作ってすぐ走らせてみるというような気軽な使い方ができる．しかし，一般に実行速度はコンパイル方式のほうが 1 桁以上高速である．

10-4　プログラムの作成

プログラミング†(programming，プログラムを作成する段階)について見てみよう．ある機能を果たすようにプログラムを作るのがプログラミングであるが，いきなり書けるのはよほど簡単なプログラムの場合であろう．通常は慎重に構想を立てて作成する．実は，プログラム作成でむずかしいのはそのあたり

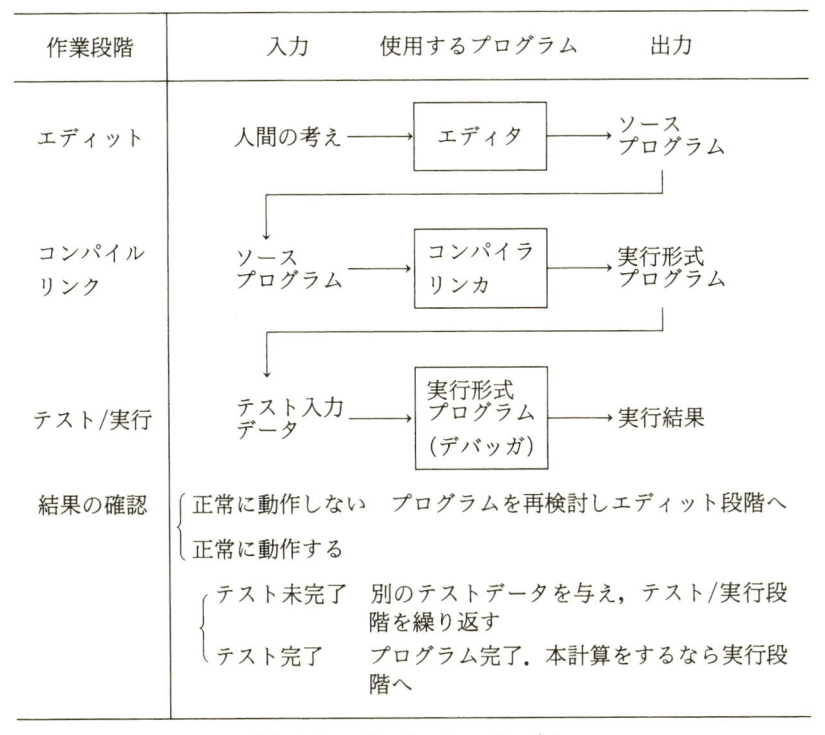

作業段階	入力	使用するプログラム	出力
エディット	人間の考え →	エディタ	→ ソースプログラム
コンパイルリンク	ソースプログラム →	コンパイラリンカ	→ 実行形式プログラム
テスト/実行	テスト入力データ →	実行形式プログラム(デバッガ)	→ 実行結果
結果の確認	正常に動作しない	プログラムを再検討しエディット段階へ	
	正常に動作する		
	テスト未完了	別のテストデータを与え，テスト/実行段階を繰り返す	
	テスト完了	プログラム完了．本計算をするなら実行段階へ	

図 10.8 プログラミングの流れ

で，きちんとした構想・設計ができれば，それをもとに，ある言語でプログラムを書き下すことはそれほどむずかしくはない．

さて，いよいよプログラムをコンピュータを使って書いていくという段階では，図 10.8 のように普通，**エディタ**†(editor) というプログラム作成・編集のためのプログラムを使う．この段階は**エディット段階**†という．これによって補助記憶内部にソースプログラムが残される．補助記憶の中にはデータやソースプログラムやオブジェクトプログラムなどが，**ファイル**†(file) という形で格納されている．

ファイルはプログラマから見たひとまとまりのデータに名前をつけたものである．オペレーティングシステムはファイルの生成，削除，書き込み，読み出しなどの作業を，プログラムからのリクエストやユーザからのコマンドに応じ

て実行する．ファイルはその名前(ファイル名)で区別できるし，すべてのファイルを管理する台帳をオペレーティングシステムがもっており，どういうファイルがディスクのどこにあるかとか，それが実行可能形式のものかなどを知っている．

ソースプログラムができると，あとはコンパイル，リンクを行なって実行形式プログラムを作り，実行させればよい．ところが現実には，このようにして1回で正しく動作するプログラムが出来上がることはほとんどないであろう．よくあるのは単純な入力ミスである．言語はそれぞれ文法が決まっており，その文法通りに書かなければならないが，文法に違反した書き方をするとコンパイラがエラーメッセージを出してくれる．それを見て誤っていた部分を見つけ修正してから，またコンパイラにかける．このように文法上の誤り(**シンタクスエラー**†，syntax error)はコンパイラが教えてくれるので見つけやすい．

しかし，コンパイラが「もうエラーはありません」と言ってくれて実行できるようになっても，それが正しく動くとはかぎらない．文法エラーでなく**論理エラー**†(logical error)がある場合がある．これは，たとえば $a+b$ とすべきところを $a-b$ とした場合などがそうである．このような場合，文法的には問題はなく，コンパイラは何もいわない．しかし，計算結果は合わないということになる．こういう論理的なエラーはプログラマが見つけなければならない．そのための1つの方法は，テスト入力†を与えて期待する結果が得られるかどうかを見ることである．このテストをしてエラーがあるとなれば，その場所をつきとめてエラーを修正するという作業が必要である．このような誤りを**バグ**†(bug，虫)といい，それを見つけ除去する作業を**デバッグ**†(debug，虫とり)という．プログラマにとってこれは苦しい作業になることがある．いくら考えてもいくら探しても原因がわからない．このようなとき，焦りもあるし，非常に疲れる．しかし，幸運にもひらめきで原因がぱっとわかるときもある．じっくり推理して原因を追いつめて見つけることもある．いずれにしても，虫が見つかったとき，それを除去してプログラムが動くときの感激は大きいものがあり，プログラミングの楽しみ(の1つ)である．ただ，趣味でプログラムを書いているのでなく，仕事で書いている人は，早く見つけないといけないというプレッ

シャーが常にかかるところではある．

　経験と組織的なテスト法で，短時間で正しいプログラムに仕上げることがプログラマとしての腕の見せどころとなる．また，**デバッガ**†(debugger)というデバッグ作業を助けてくれるプログラムもある．バグがとれ，意図どおりに動いたときはプログラム作業の生みの苦しみはきれいにふっとんでしまう．

　上手なプログラマと呼ばれる人は，まずもともと誤りの入りにくいプログラムの書き方を工夫している．そして仮にエラーがあったとしても，冷静にその現象(症状)を観察し，過去の経験を生かしてその原因(病因)を突きとめる．もちろん，デバッガの使い方も要領がいい．このような技術というか腕は講義で聞いてわかるものというより，自分でやってみて身につける，名人の技をよく観察して盗むというようなところであろう．

ま と め

1　コンピュータはデータを処理する機械であるが，その面を図式表現する方法をここで導入して説明をしている．プログラムと解釈機械としてのコンピュータプラスOS，そして，それによって達成される機能を分けて考えてもらいたい．また，入力，出力もきちんと把握して，図示する．
2　処理は段階を追って達成されること，プログラムをディスクから主記憶にロードし，そこに制御をうつすことで，実行できるようになる．
3　コマンド処理はコマンドインタプリタと呼ぶプログラムが実行する．
4　コンピュータが実行できるのは機械語プログラムであるが，このプログラムを人間が書くことは苦痛である．そこで，アセンブリ言語が作られ，それでプログラムを作ることも行なわれたが，これは特定の機械向けのプログラムである．一度作ったプログラムをできるだけ多様な機械で実行できることが望ましい．そこで，機械に独立な高水準言語が意味をもつ．現在のプログラマは特別な場面を除いては，高水準言語でプログラムを作成する．
5　高水準言語でプログラムを書く方がアセンブリ言語で書くよりはるかに生産性が高くなる．しかし，機械語に翻訳しないと実行できない．それを行なうのがコンパイラである．ある言語Lで書かれたプログラムPを，意味を変えずに，特定

の機械プラス OS 用の機械語プログラムに翻訳することになる．
6 　なお，コンパイラで翻訳する方式以外に，インタプリタ方式も用いられる．これは高水準言語で書かれたプログラムを 1 文ずつ解釈して，実行するものである．コンパイルという段階を踏まず，エディタでソースプログラムを作ったらすぐ実行できるという利点はあるが，実行速度はコンパイル方式に比べ遅い．当然，これらの特質を考えて使い分けなければならない．
7 　プログラムを作るということは，実に楽しいことである．もっとも，なかなかバグがとれずに苦労することもあるが，バグがとれて完動したときの感動はきわめて大きく，それまでの苦労など吹っ飛んでしまう．コンピュータを使うというのは，プログラムまで作ってはじめてその楽しさが味わえるものであり，できるならプログラミングも経験されるといい．
8 　プログラミングの道は奥深く，名人とはどういうものかを知っておくといい．

演習問題

10.1 「コンピュータは使用目的をいわずに販売される唯一の商品だ」というが，これはどういうことをいっているか，考えてみよ．他にそういう商品はないのだろうか．

10.2 新しいコンピュータを作ると，その上で動くオペレーティングシステムとか，そのコンピュータとオペレーティングシステム用のコンパイラを作らねばならない．コンピュータができたらすぐ動かせるようにするにはどうすればよいか．

10.3 図 10.8 でエディタの入力として「人間の考え」と書いたが，人間の考えといっても実体はなく，プログラムの入力にすぐなるわけではない．エディタから見た直接的な入力は何か．

10.4 自分の近くのコンピュータについて，どのようなオペレーティングシステムが使われているか，どのような言語が使われているか，などを調べてみよう．

11 コンピュータと通信

通信は「情報の伝送・伝達」を，コンピュータは「情報の処理(加工)，保管」を担当しており，両者の連携は情報社会を支えるものである．

11-1 通信とは

通信のモデル

通信† とはなにかの定義はさておいて，ここでは1つの**通信のモデル**† を示そう．

図11.1のモデルで，実際の通信は物理的な信号のやりとりで行なわれるし，これは理解できるであろう．それ以外に暗黙の了解事項というのに驚くかもし

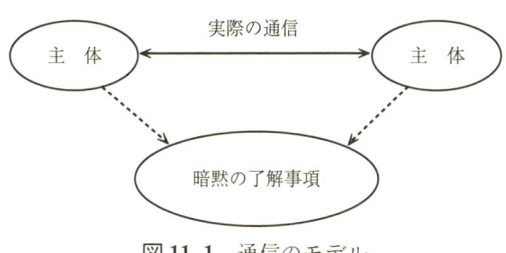

図11.1 通信のモデル

れない．暗黙の了解事項は，通信の約束事も含むものであるが，もっと広いものを指す．

Q 11.1 いろいろの通信の場面で，実際の通信と暗黙の了解事項とはどういうものかを考えてみよ．

例(1)電話でのやりとり　(2)TV ニュース

Q 11.2 暗黙の了解事項があるかどうかわからないにもかかわらず，通信を試みることはあるだろうか．それで通信はできるのだろうか．

実は，通信主体が良質の暗黙の了解事項を共有しているほど，実際の通信は円滑に，効率的にできることも理解できるであろう．

実際の通信

自分の意志や考えを伝えるとき，われわれは頭の中でなんらかの言語を用いて考えている．その構成要素を**記号**†(symbol)と呼んでいる．頭の中の記号を，音声信号に変えたり，身振り手振り，あるいは，文字や図面などの**信号**†(signal)に置き換えて相手に伝える．つまり，論理的な記号を物理的な信号に置き換えて，物理的な手段で相手に伝える．相手はそれら物理的な信号を受け取り，記号化して理解する．われわれの受容器官として，目，耳が主要なものであるため，これら信号は視覚的信号と聴覚的信号が主として用いられている．これまで通信工学はそれらの信号をできるだけ忠実に遠方に届けることを目的としてきた．ここで，情報理論でのモデルをみてみよう．

Q 11.3 視覚的信号の例をあげよ．また，聴覚的信号の例をあげよ．

通信または記憶のためのシステム

通信または記憶のシステムは図 11.2 のブロック図のように説明される［嵩忠雄『情報と符号の理論入門』情報工学入門選書 6，昭晃堂(1989)］．通信と記憶を同じモデルでとらえているが，通信は距離を超え，記憶は時間を超えるために，なんらかの(物理的)媒体を用いているという共通性をもつ．

ここで，**情報源**†は，人，機械，センサ，文書などであり，**伝送媒体**†は有線電話回線，衛星通信回線，光ファイバなど，**記憶媒体**†は，磁気テープ，磁気ディスク，IC メモリなどが挙げられる．媒体には**雑音**†が付き物といってよい．雷，電磁波障害による雑音など外来的なもの，もともと媒体の構造や機構に由

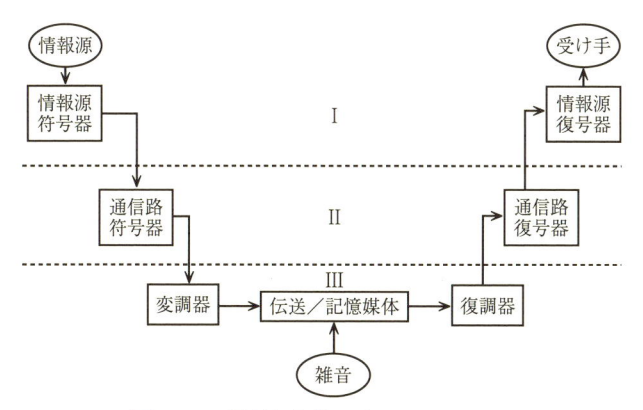

図 11.2　通信と記憶のためのシステム

来する雑音もある．たとえば，通信線が接近していて，漏話†があるとか，回路素子の**熱雑音**†とか種々の原因がある．記憶媒体の場合も，表面のキズとか，ほこりが付着したとか，長い年月のうちには磁気記録も消えるなど，種々の原因で記録は変質する．物理的な媒体はこのような性質を免れ得ないものであるが，これを雑音としてモデルに含めて，その存在下での通信・記憶システムを構成するのである．

　図 11.2 の III の部分を，実際の変復調や媒体の詳細を捨象し，0 を送信したとき 0 と伝わる確率 p，誤って 1 と受け取られる確率 $1-p$ などとして，確率的なモデルに置き換えて議論するのが，シャノンに始まる**情報理論**†の立場である．与えられた通信路を使って，(1)信頼性(送信されたメッセージや記録ができるだけ間違いなく受け手にとどけられること)と，(2)経済性の要求にいかに応えるかが問題になる．**シャノン**†の通信路符号化定理は符号化器，復号化器のコストは別として，媒体の使用効率と信頼性の関係について明らかにしたものであった．ただ，それは存在定理であり，具体的な構成法は論じていない．具体的な構成論は**符号理論**†として，多くの成果をあげ，現実にもよく応用されている．その方法は 3-4 節でものべたように，うまく**冗　長**†を付加して雑音に対抗するものである．

　一方，情報に含まれる冗長を除去して，本質的な情報のみを得ようとするの

が，**情報源符号化**†の問題である．これは II, III の部分を，理想的なまったく雑音の影響のない通信路とみなしたとき，どのように符号化すると受け手にうまく伝わるかを議論するものである．**情報圧縮**†の問題として，応用面で重要性が増している．ファックスの情報圧縮の立場は情報損失のないことを要求するが，TV 画像の**帯域**(たいいき)**圧縮**技術では，不自然さがない程度なら完全に復元する必要はないという立場での符号化法が研究され，実用化されている．なお，III の変復調をどのようにすればよいかは通信工学で研究されている．

Q 11.4 図 11.2 には図 11.1 の暗黙の了解事項というものがないが，なぜか？

11-2　通信の実際

まず，人間と人間が会話する場合を考える．すぐそばなら，直接話せばよい．この場合は肉声そのままの通信である．しかし，離れると，音声は距離に応じて**減衰**(げんすい)†していき，小さくなっていくため，近くの雑音に邪魔されて聞きとれなくなる．講演のときにスピーカを使うが，これはマイクで音声を電気信号にかえ，増幅して大きな音にして広範囲に伝わるようにする．もっと遠くなると，電話とか無線通信装置を使って交信することになる．

電話の場合，送話器で電流に変換し，それを電話線で交換局まで伝え，**交換機**†や**中継器**†(増幅する)などを通って，通話相手の受話器に達する．このとき，話者の音声信号は何回も増幅される．できるだけ音質を保つように努力されるが，実際には変質はある程度はさけられない．これは主に電話線の性質に依存する．電話線は，300 Hz から 3400 Hz の**帯域**†をもつ通信線で，その範囲外の周波数成分はすぐ減衰してしまうという性質をもつ．

コンピュータ同士が通信する場合に転じよう．直接，肉声で対話するように直結するというのは，ごく近い場合にかぎられる．コンピュータの中の配線は可能なかぎり短くすることで高速動作を可能としており，長い配線をすると**伝播遅延**(でんぱんちえん)は大きくなる．少し離れると，直接肉声的な通信は無理で，コンピュータの場合は，(一般に)速度をあきらめて，(コンピュータの速度からすると相当に)遅い速度の通信をしている．

RS232C†という通信規格がよく使われているが，それは数本の信号線をたばねたケーブルを使い，その通信可能距離は15 m程度とされている．もう少し遠距離まで通信するには，**RS422**†という規格もある．これでも1 kmくらいである．これだけの長さがあれば遠くのコンピュータにつなげるように思えても，部屋から部屋へ接続するときは，壁や天井にそってはわせることになり意外と近くにしか接続できない．これは他のケーブルを用いる場合にも起こることである．

イーサネット†(Ethernet)という**同軸ケーブル**†を用いた通信方式の場合でも，ケーブル長は500 m程度が限界である．もっと遠方に通信速度を落とさずに通信するために，同軸ケーブルや**マイクロ回線**†，**光ファイバ**†を使い，途中に中継器を置いていく方法や，衛星を用いることもある．既存の**公衆電話回線**†を利用すると，速度は遅いが世界中すみずみまではりめぐらされた電話網で，遠方のコンピュータと通信できる．また，コンピュータネットワークでは**専用線**†も利用される．なお，伝送速度の表示として，**bps**を用いるが，これは1秒間に何ビットの情報が伝送できるかを表わすbit per secondの略である．

とくに，最近は**携帯電話**†を始め，**移動通信**が急速に普及している．**PDA**†(個人携帯端末)などのモバイルコンピュータものびている．無線通信は電波を使うが，電波は波長によって表11.1のように呼ばれる．

Q 11.5 電磁波の場合，波長と周波数の関係は

波長(m)×周波数(Hz) = 3.0×10^8 (m/s)

である．

(1) 表11.1の英語略語は括弧内の日本語と対応していないようである．なぜだろうか？

(2) 可視光も電磁波であり，その波長はだいたい 400-700 nm(ナノメートル)であるが，周波数ではどの辺りに相当するか？

11-3 データ通信

コンピュータ内のバスは高速でデータを送受する必要から，16ビットとか

表 11.1　周波数の分類

	波長(m)	周波数(Hz)	主な用途
VLF (極長波)	-10^4	-3×10^4	長距離通信
LF (長波)	10^4-10^3	3×10^4-3×10^5	船舶等の通信
MF (中波)	10^3-10^2	3×10^5-3×10^6	中波ラジオ
HF (短波)	10^2-10^1	3×10^6-3×10^7	短波放送, 国際通信
VHF (超短波)	10^1-10^0	3×10^7-3×10^8	FM ラジオ, VHF テレビ
UHF (極超短波)	10^0-10^{-1}	3×10^8-3×10^9	UHF テレビ, 移動無線
SHF (センチ波)	10^{-1}-10^{-2}	3×10^9-3×10^{10}	レーダー, 電子レンジ, 携帯電話
EHF (ミリ波)	10^{-2}-10^{-3}	3×10^{10}-3×10^{11}	
THF (サブミリ波)	10^{-3}-10^{-4}	3×10^{11}-3×10^{12}	

VLF＜Very Low Frequency, LF＜Low Frequency, MF＜Medium Frequency, HF＜High Frequency, VHF＜Very High Frequency, UHF＜Ultra High Frequency, SHF＜Super High Frequency, EHF＜Extremely High Frequency, THF＜Tremendously High Frequency

32ビットなどのデータを並列に同時に送るが, 電話線にしても, その他の線にしても, 通信線は1本であり, 並列にデータを送ることはできない. そのためコンピュータ間の通信も含め, データ通信では, 並列データを直列データに変換して通信し, 受信側で, 並列データに再現するという方法をとる. **直並列変換**†は, シフトレジスタを使うことによってできる.

電話回線を通して, コンピュータ同士が通信する場合の形式を図11.3に示す. コンピュータはモデムという装置を使って, 電話線で情報のやりとりをする. この場合, データ端末装置(**DTE**)†はコンピュータを指し, データ通信装置(**DCE**)†はモデムを指す. 先のRS232Cは図の＊印の間のインタフェースの規格である.

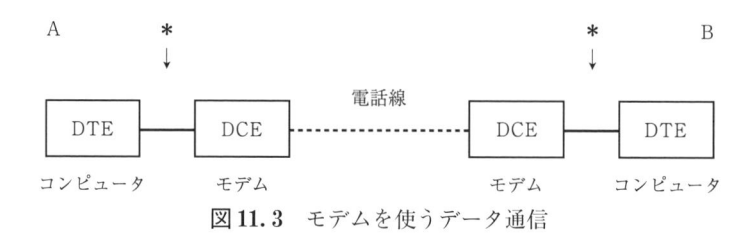

図 11.3　モデムを使うデータ通信

A側DTEが直列データ(たとえば，ASCII符号でデータ8ビットにパリティビットとして，1ビットを付け加えて9ビット単位とする)をDCEに送り，DCEはそれを電話線に適合するように変調して送る．それをDCEが受けとって，直列データに復元し，B側DTEにわたす．逆方向の時も同様である．DCEの働きについてはあとでのべる．

伝送方式

データを相手にどう伝えるか，伝送方式にはいくつかの方法がある．以下，(1) 非同期伝送方式†, (2) 同期伝送方式†, (3) 調歩同期伝送方式† について，説明する．

(1) 非同期伝送方式

これはコンピュータとプリンタとのインタフェースが例になる．通常パソコンに接続されるプリンタでは，1バイト単位でデータを送る．データ線8本と，**RDY**信号†(Ready，すなわち，準備ができていることを知らせる)の線と，**ACK**信号†が(Acknowledge，了解を知らせる)の線を制御に用いる．

コンピュータはプリンタへ送るデータ8ビットをデータ線に乗せてから，RDY信号を0から1にする．プリンタ側はRDY信号が1に変わったのを見て，データが送られてきたことを知る．そして，プリンタは，ACKを0から1に変える．そして，データを受け取れるなら受け取ってから，ACKを1から0に変える．本体はACKが1から0に変わったことで，データが受け取られたことを知り，そこで，データの送出をやめ，RDYを0に戻す．

もし，実際の印字が追いつかず，本体のデータを受け取れなくなったときは，受け取れるまでACKを1のままにしておけばよい．この単純な方法で，両者の動作速度が食い違っても互いに相手の動作を待つことでうまく動作する．一定の間隔の同期信号に合わせてのデータの送受ではなく，コンピュータ側はデータが用意できたときにRDY信号を1にして，プリンタにデータを受け取るように求める．また，プリンタ側は通知を受け取ると，ACKを1にするが，データを受け取れたら，ACK信号を0にして，次のデータを受け取ることができることを伝える．このように，2つの制御信号線を使って，データを送受する．

11 コンピュータと通信

Q 11.6 非同期伝送方式の説明図として，図 11.4 の (a) (b) (c) いずれが適当か，答えよ．図で D, R, A はデータ線 (8 ビット)，RDY 信号 (1 ビット)，ACK 信号 (1 ビット) を意味している．D は 8 本の線が 0, 1 まちまちの値を取りうるので，0, 1 と値を特定できないため，2 重線で示し，値の変化が起こりうる時点を線の交差で示している．

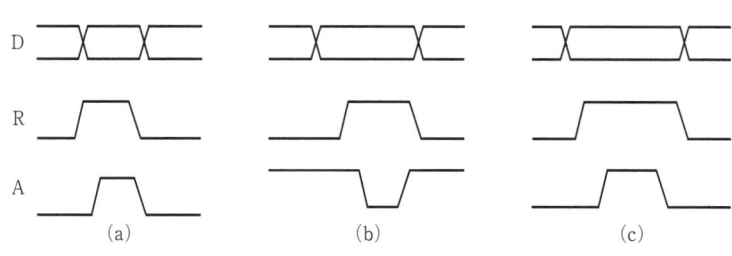

図 11.4 非同期伝送方式の説明の候補

(2) 同期伝送方式†

この方式ではデータ線の他に同期信号の線 S を 1 本用意する．S はクロック信号で，これに同期してその立ち上がり (前縁) で，送信側では，送信データを次々送り出す．受信側は S の立ち下がり (後縁) で，データを取り込む．この方式では，S は休みなく送られており，データ送信がいつ開始されたか，終了するかなどはわからない．その情報はデータの中にもたせる工夫をする．言い換えると，**ビット同期**† は問題ないが，データがないときとデータがあるときとの判別をしなければならない．文字の始まりを決めることを**キャラクタ同期**† というが，その問題を工夫するということである．

Q 11.7 同期伝送方式の説明図を書いてみよ．

(3) 調歩同期伝送方式†

調歩同期伝送方式は 1 本の線を使って，直列にデータを送るものである．同期信号用の線を使わないかわりに，送受側で同じ周期のクロックを使うことを取り決めておく．その周期を τ とする．1 ビットを (たとえば) 16τ の幅で送る．逆に言えば，1 ビットの時間が決まれば，その 16 分の 1 のクロックを使うということである．送るべきデータのない間は 1 を送り続ける．

送信側は，送るべきデータがあると，まずスタートビットとして，0 を送る．

それに続いて，データ8ビットを送り，そのあとストップビットとして1を送る．そして，そのまま1を送り続ける．受信側は，1を受け取っている間はデータがないと考え，待っている．もし，1から0に変わると，送信が開始されたとして，自分のクロックで8τ経ったところで，信号をサンプルし，0であれば，それ以降16τごとにサンプルして，8つのデータを受け取る．この方法で，常に受信ビットのほぼ中心辺りの値をサンプルすることになり，信頼性を高められる．なお，最初0を検出してから8τ後に，サンプルしたとき，1であったとすると，短い雑音が入ったと解釈し，受信は中断し，次に0となるまで待機する．

なお，データ8ビットの次にストップビット1を送信する前に，データのパリティビットを付けて送ることもある．そうすれば，1バイト受け取った時点でパリティチェックを行ない，伝送エラーを検出することができる．エラーを検出すればもう一度送ることを要求するということもできる．

この方式の特徴は，各パルスの中間部は安定しているであろうから，その中間部でサンプルをとることである．これは，文字ごとに同期をとりなおし，ビットデータは16τの長さで保持し，その中間部の安定した時点でサンプルし信頼度を高める工夫である．同期専用の線は使わないが，データの形式を特定の形にしている．これは中低速伝送用の方法である．この方式は，コンピュータのシリアルインタフェースで使われており，DTEとモデムの間にも用いられている．

Q 11.8 調歩同期伝送方式の説明図を描いてみよ．

モデムの働き

最近はインターネットを使う場合，通常の電話線，ISDN†，ADSL†，CATV†，無線†など多くの選択肢がある．ここでは，その基本となる電話線に接続する形態で用いられるモデムについて考えてみる．これは図11.3でのDCEを指す．DTEは0,1の列を送受する．しかし，電話線ではそうはいかない．なぜ，0,1の信号そのままを送らないのであろうか？

それには電話線の伝送線としての性質を知らねばならない．電話線に信号を送ると，はじめのエネルギーを失ってその信号は減衰していく．また，周波数

によって減衰の仕方は違うということである．もとの0,1の波形がきれいな矩形の並びであっても，それが伝送線に乗ると，その波形を作り上げている**周波数成分**†ごとに伝送状態が異なるという影響がでてくる．もとの信号の各周波数成分は一様には減衰せず，合成波形はもとの波形とは違ってくる．あまりに長距離だと受信端では信号が微弱になって検知できないことになる．伝送線の特性に合わせて，途中に増幅器をおいて周波数成分毎に減衰を保証するように増幅できれば，遠距離でも，もとの波形を変えずに伝えられることになるが，実際にはなかなかもとの信号は再生しがたい．いまの電話はよくなっているが，ときどき声が少し変わって聞こえるのも1つはこういう理由による．

また，周波数成分によって，伝送速度が違うので受信端では，周波数成分が揃って到達せず，**ひずみ**†が発生する．そのずれが大きいと0,1の波形が大きく崩れて正しく受信できなくなることもある．

また，電話にはいろいろの雑音が入ってくる．伝送線や増幅器の電子が熱運動することから発生する熱雑音がある．また，最近はあまり経験しないが，ときに他の人の話し声が小さく聞こえてきたりする．これは並行に走っている線の間で電磁誘導により発生する漏話である．また，強く急速な電界の変動で雑音が入ることがある．雷とか電源のOn/Off等の強い電圧変化(インパルス雑音)の場合影響が大きい．

0,1のコンピュータからの信号をそのまま(図11.5(a)のような形で)伝送線で遠くまで送ることはなかなかむずかしい．というのは，0,1のきれいな矩形の波形の信号は多数の**高調波成分**†を含むが，それらは上に述べた減衰や伝送の遅れで，波形を大きく変化させ，受信端ではとてももとのきれいな波形を観察することはできない．そこで，そのままの伝送を諦(あきら)めて，伝送線を通りやすい信号に変換して送る．これが**変調**†であり，受け取った信号からもとの信号へ戻す作業を**復調**†という．その作業を行なう装置を，変復調装置，**モデム**(Modem)という．これにはいろいろの方法が採られてきた．

電力会社は，$y = A\sin(\omega t + \phi)$で記述される交流を提供する．$A$は電圧の振幅である．家庭にとどく商用電源は普通100Vである．また，ωは東日本では50Hz，西日本では60Hzになるように厳密に制御されている．位相ϕも含め

図 11.5　(a) もとの波形　(b) FM

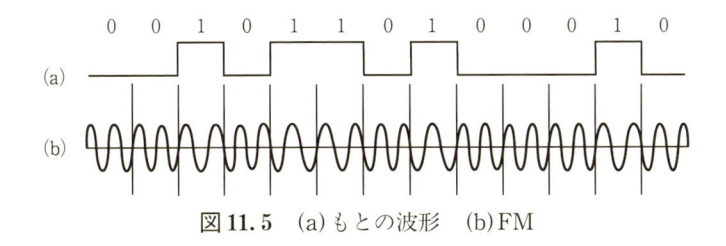

て，電力会社は，A, ω, ϕ をできるだけ安定的に一定に送るかに重点を置く．他方，通信は，これらのパラメータを変化させて，そこに情報をのせる．AM 放送は，振幅 A を，FM 放送は周波数変調で ω を変化させていることはご承知であろう．

初期の頃のパソコン通信で使ったモデムでの通信の方法をまず紹介する．

1つの簡単な方法は，300 bps の低速の通信の場合に用いる方法で，0 を 1180 Hz に，1 を 980 Hz に周波数変調する．つまり，0 を 1180 Hz の音にして送り，1 を 980 Hz の音にして送るのである（図 11.5(b)）．受けた方は，音の高さで 0, 1 を弁別して受信する．

Q 11.9　これらの音は楽音でいうとどの音に近いか？

Q 11.10　他に電話線で音に変換して情報を送っている例をあげよ．

受信側はこのような周波数変調された信号をもとに，0 と 1 の列に変換する．そして，調歩同期式の場合はそのままの 0 と 1 の波形を復元して，DTE に送り，DTE はそれからスタートビットを認識し，送り側のモデムと同じようにして，0 と 1 を正しく読み取る．

独立同期式の場合は，SYN ではじまる 0, 1 の波形と，復調の際にえられる同期信号を同時に DTE に送ることで，受け手の DTE は送り側のモデムと同様にして，正しく 0 と 1 の情報を復元できる．

Q 11.11　以上の説明は，A から B への 1 方向である．実際には，B から A への通信も含めた 2 方向の通信ができねばならない．上のモデムをそのまま使って 2 方向の通信ができるのだろうか？

最近のモデムは，もっと高度の変復調方式を採用している．それについては専門書を参照されたい．

まとめ

1 通信とはなにか？ 実際にやりとりされる信号以外に，暗黙の了解事項の役割も無視できない．
2 通信は距離を超えた，そして記憶は時間を超えた情報の伝達である．そこにはある種の共通点がある．そのモデルと関連する研究分野として，符号理論，情報圧縮などがある．
3 実際に通信を行なう方法について考えた．
4 データ電送の基本的な方法として，非同期伝送，同期伝送，調歩同期伝送などの原理をみた．
5 モデム(Modem)の原理をみた．最近はモデムはより高度な方法を用いて，高性能になっている．

演習問題

11.1 無線周波数帯域は貴重な資源になりつつある．本文ではごく簡単に示したが，周波数がどのように利用されているか調査してみよ．
11.2 糸電話というのを作って遊んだことがあるだろうか．糸電話の場合について，信号の伝わり方やどうすれば遠方に伝わるかなど考えてみよ．
11.3 ベルの発明した電話の原理は聞いたことがあろう．送話器で，音声を電気信号に変換し，電線でそのまま受話器に伝えた．変調ということはしていない．現在の電話もそうなのだろうか．調べてみよ．

12 ネットワーク

ここでいうネットワークはコンピュータネットワークのことである．すなわち，通信網としての狭義のネットワークに加え，端末のコンピュータも含めて，ハードウェア，ソフトウェアで構成されるデータ通信網である．

12-1 インターネット

　LAN という言葉を聞くことが多いであろうが，これは Local Area Network の略である．最近は LAN を構成する機器も低価格になり，数台のパソコンやプリンタを接続した家庭内 LAN も作れる．イーサネットという有線の LAN だけでなく，無線の LAN も使える．家族のそれぞれがパソコンを使い，プリンタを共有して使うというようなことができる．そして，家庭内 LAN から，外部のネットワークに接続することで，いわゆるインターネットに接続し，その機能を使うことができる．

　大学や事業所などもかなりの数のコンピュータを接続した LAN をもつ．1つの LAN に接続可能なパソコン等の機器の数には制限があり，非常に多くのパソコンを使うようなところでは，複数の LAN に分けることになる．それが互いに分かれたままでは，あまり有用な使い方はできない．それらの独立した

ネットワークを**ルータ**†という装置を介して，他のネットワークと接続していくことで，LAN を越えて他のネットワークとの交信ができるようになる．

ネットワークとネットワークが電気的につながるだけでなく，TCP/IP という共通のプロトコルを採用して，お互いに通信ができるのである．プロトコルというのは，一種のコンピュータ同士の交信のためのことばととらえてもいい．あるいは，TCP/IP という通信の取り決めを暗黙の了解事項として，通信しているととらえてもよい．ルータという機器と，TCP/IP で通信するという約束のもとに，ネットワーク同士がどんどんつながっていった．一般に，ネットワークのネットワークのことを**インターネット**と呼ぶ．本来技術的な用語である．しかし，TCP/IP を使いながら自然発生的に広がっていった現在の世界規模のネットワークを，The Internet と固有名詞的に呼ぶ．ネットワークの規模†はいろいろで，言葉もいろいろあるが，ネットワークのネットワークということでインターネットができているとまず理解されたい．

電話の場合は，ダイアルして相手とつながるということは，両者の間に(交換機などの働きで)通信線を確保してくれるということである．その回線を使って，早口で要領よく用件を伝えようが，メモをしながら，とぎれとぎれにゆっくりしゃべろうが，接続した時間に応じた料金を請求される．こういう回線を確保して通信する方法を，**回線交換**†という．交換というのは，多数の加入者間の通話をするために，すべての加入者同士の間に電話線を引くのでなく，加入者からは電話局の中の交換機にだけ接続し，交換機が加入者同士の線を要求に応じて接続して，回線を確保するという方式だからである．

インターネットでは，そういう回線交換ではなく，**蓄積交換方式**を使う．電話局の交換機でなく，ルータが情報の中継をする．これは，送る情報を**パケット**†と呼ばれる単位に分割してそれに宛先(あてさき)をつけて送り出す．パケットというのは小包という意味があるが，送るべきもの(この場合，ある単位に分けられた記号列)に宛先をつけるのである．その宛先は IP アドレスといい，世界中同じ IP アドレスをもつコンピュータがないようにしてある．ルータは自分の所へ届いたパケットの宛先アドレスを見て，自分の属するネットワークの中のコンピュータの IP アドレスが書いてあれば，そのパケットをそのコンピュータに

送る．自分のネットワークへのパケットでなければ，さらに別のネットワークへ中継する．パケットから見ると，あるコンピュータから，相手先のIPアドレスを付けて送り出されて，途中，ルータによって中継されながら，目的のコンピュータに到着するという形になる．小包や宅配便の荷物は，宛先が違うものでも同じトラックに乗せて運び，集配所で，宛先を見て適当なトラックに乗せるというようにやっている．その方式に似ている．通信線は，回線交換だと，ある時間中はある送受話者間の専用に確保されているが，パケット通信の場合は，いろいろの異なる宛先をもったパケットが回線中をどんどん通っていく．

なお，パケットを受信，または，送信するだけで，パケットの中継を行なわないコンピュータをホスト[†]，パケットの中継のできるコンピュータ(あるいは，その機能だけに特化したもの)をルータ[†]と呼ぶとしておく．

パケットを送るための宛先はホストを指定するものであるが，これにはIPアドレスというものを使う．現行の**IPv4**[†]と呼ばれるIPアドレスはversion 4 という意味であるが，そのアドレスは32ビットを使う．試用の始まった**IPv6**[†]では128ビットの長さである．ここでは，IPv4で説明する．

12-2 IPアドレス

IPアドレスは32ビット固定長であり，図12.1のように，ネットワーク識別子(Net-Id)とホスト識別子(Host-Id)に分かれる．IPアドレスからネットワーク識別子を切り出すためにビットマスク演算(取り出したい部分に1を置いたパターンとビットごとのAND演算)を行なうが，ネットワーク部のビット長をマスク長とも呼ぶ．

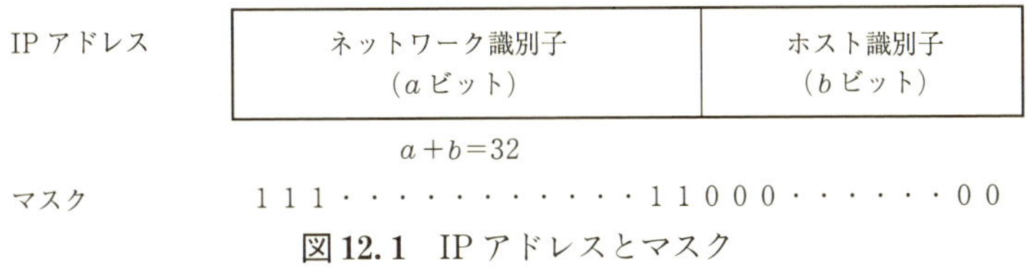

IPアドレス	ネットワーク識別子 (aビット)	ホスト識別子 (bビット)
	$a+b=32$	
マスク	111……11000	……00

図 **12.1** IPアドレスとマスク

32ビットは見にくいので，これを8ビットずつ4つに分けて，それぞれ10進表現してピリオドで区切って表わす．たとえば，

11111111　00000000　00000000　00000001

というIPアドレスは，

127.0.0.1

と表記される．この表記を**DDN**(Dotted Decimal Notation)という．

Q 12.1 次のIPアドレスをDDNで表わしてみよ．

11000110　00101001　00000000　00000101

(解)　198.41.0.5

Q 12.2 次のDDNで表わされるIPアドレスを示せ．

192.131.49.53

(解)　11000000　10000011　00110001　00110101

ただし，通常の通信で用いられるIPアドレスは先頭が000から110で始まるもの(0.0.0.0-223.255.255.255)である．

Q 12.3 223.255.255.255のIPアドレスはなにか．

(解)　11011111　11111111　11111111　11111111

IPアドレスのマスク長を明示的に示すことが必要な場合には，スラッシュとマスク長を末尾に置いて記す．たとえば，Q 12.1のIPアドレスのネットワーク部が28ビットであるなら．

198.41.0.5/28

Q 12.4 上記のアドレスのマスクパターンを示せ．ネットワークアドレスはなにか，また，ホストアドレスは何ビット使えるか．

(解)　ネットマスク　　　　　11111111　11111111　11111111　11110000
　　　ネットワークアドレス　11000110　00101001　00000000　0000
　　　ホストアドレス　　　　4ビット

特殊なIPアドレスがいくつか決められている．ホスト部のビットがすべて0であるアドレスはそのネットワーク自身を表わし，ホスト部のビットがすべて1であるアドレスはそのネットワーク上のすべてのホストを表わす．したがって，ホスト部がnビットのIPネットワークには，上記の2つのアドレスを除いた2^n-2台までの機器を接続できる．

Q 12.5 Q 12.4 のネットには何台のホストを接続できるか？
(解) 16−2＝14

IP アドレスを使っての通信

同じネットワークに接続するコンピュータは，同じネットワークアドレスをもつ．たとえば，同じ**イーサネット，トークンリング**[†]，**専用線**[†]（専用線の場合は両端の 2 台だけのネットワークであるが…）に接続するコンピュータは同じネットワークアドレスをもつようにする．図 12.2 のようなネットワークを想定する．ここで，マスク長は 24 ビットであるとする．図では，ネットワーク $a.b.c.0$ はイーサネット，$a.b.d.0$ はトークンリングのネットワークとしている．ネットワーク $a.b.c.0$ には，4 つのコンピュータ A, B, C, D が接続されている．ホストコンピュータ A はネットワーク $a.b.c.0$ のメンバーで，ホスト番号 1 をもち，IP アドレスは $a.b.c.1$ ということになる．同じネットワークに接続するコンピュータはすべてネットワーク識別子は同じであり，ホスト識別子が相異なるようにホスト識別子を付ける．

2 つのネットワークにつながっているコンピュータ D があるが，これがルー

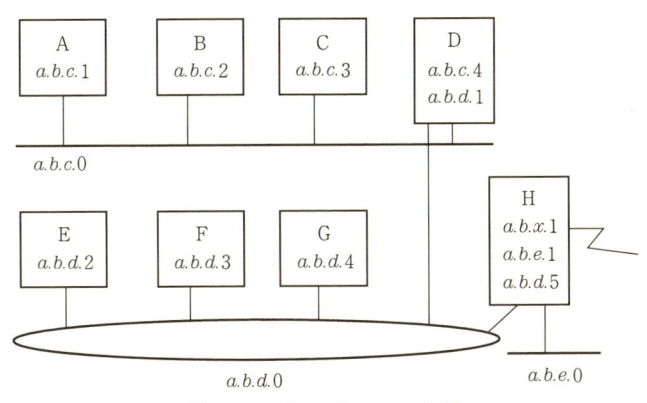

図 12.2 IP アドレスの伝達

タである．そして，両方の IP アドレスをもつ．IP アドレスは，実はコンピュータがもつのでなく，コンピュータのネットワークインタフェースがもつものである．ルータ D についてみると，D は $a.b.c.0$ というネットワークに対して

は，自分が $a.b.d.0$ というネットワークへのルータであること，また，ネットワーク $a.b.d.0$ に対しては $a.b.c.0$ へのルータであることをそれぞれ通知している．実は，ルータの上で働く**デーモンプロセス**[†] routed というものがそういう情報をシステム上の各コンピュータに通知する．routed というデーモンプロセスは他のコンピュータでも動いており，ルータからの通知を受け取って，経路制御テーブルという表にその情報を記録する．同様に，H も 3 つのネットワークに接続しており，3 つの IP アドレス($a.b.x.1$, $a.b.d.5$, $a.b.e.1$)をもっている．

ルータやホストのもつ経路制御テーブルには宛先アドレスごとにどのように転送するかという情報が入っている．この情報は

- 自分自身のアドレスである
- 直接接続したネットワークで送信可能
- IP アドレス $x.y.z.w$(もちろん，直接接続したネットワークのいずれかの上の IP アドレス)なるルータに転送

などである．また，経路制御テーブルには，上の指定以外のアドレスに対してどこに転送するかを示すデフォールトルーティング(default routing)の指定もできる．

ホスト A から B へ通信する場合を考えると，A と B のネットワーク識別子は $a.b.c$ で同一であるから，同じイーサネット内とわかり，IP パケットはそのままイーサネットに送り出せばよい．

A から宛先 F にパケットを送りたいとする．このとき，A では，F($a.b.d.3$) が自分自身でも，直接接続したネットワーク上のものでもないので，経路制御テーブルにしたがい，ルータ D にパケットを送る．このときパケットの宛先アドレスはあくまでも F を指定している．D は受信した IP パケットの宛先をみて，その宛先が自分が直接接続しているリングネットワーク $a.b.d.0$ 上のコンピュータだということがわかるので，トークンリングネットワークにこのパケットを中継する．このようにして，A から F にも通信ができる．ここは 1 段の中継だけを説明したが，2 段以上の中継を要する場合も同様である．

H は 3 つのアドレスをもっている．接続するすべての線について IP アドレ

スをもつことで，それぞれのネットワークへパケットを中継できるのである．ただ，1段の中継なら宛先のネットワークアドレスがすぐ見つかってそこへ送れる．しかし，外国など遠方へ送るときは当然数回の中継を要する．これは経路制御表に各接続線ごとにその先のネットワークアドレスを記入するようにしている．その際，明示的に中継先がわかるときは，この線へ送れという指示も書けるので，そこへ送る．該当するネットワークアドレスが見つからない（「その他」に当てはまる）ときは，「その他」の記入してある線に送り出す．

　各コンピュータやルータの経路制御テーブルの管理手法は，管理者が設定する静的経路(static route)か，あるいは，通信によって経路情報を広報／更新する動的経路管理(dynamic routing)の2種類がある．両方を併用することもある．パーソナルコンピュータなど，インターネットの末端部では，直接接続したネットワーク以外はすべて最寄りのルータに任せるという静的経路で事足りることが多い．しかし，インターネットの主幹部では，動的経路制御が必須である．インターネットを構成するネットワークは日々新設されたり廃止されたりするし，あるいは故障によって迂回の必要性が発生したりするため，管理者が手動で経路制御テーブルを維持する方法ではなかなか対応できないからである．

　経路情報の管理を行なうデーモンプロセス routed は，ルータが発信した RIP(Routing Information Protocol)のデータに基づき，自らの経路制御テーブルを更新する．また，自身がルータである場合には RIP パケットを発信する．例えば，図でA～Hですべて routed が稼働していたとすると，Hは $a.b.d.0$ のリングネットに向けて，

・$a.b.e.0$ 宛の通信はH($a.b.d.5$)宛に送れ［距離1］
・$a.b.x.0$ 宛の通信はH($a.b.d.5$)宛に送れ［距離1］

という情報を放送する．これを受け取ったDは $a.b.c.0$ のイーサネットに向けて，

・$a.b.d.0$ 宛の通信はD($a.b.c.4$)宛に送れ［距離1］
・$a.b.e.0$ 宛の通信はD($a.b.c.4$)宛に送れ［距離2］
・$a.b.x.0$ 宛の通信はD($a.b.c.4$)宛に送れ［距離2］

という情報を放送する．このうち，最後の2つの宛先情報はHが$a.b.d.0$に広報した経路情報により知った情報である．こういう方法で，世界中のコンピュータへパケットを送ることができるのである．なお，距離というのがあるが，これは必要な中継回数を表わしていることがわかるであろう．

RIPではネットワークの規模が大きくなると対応できない．そこで，現在のインターネットの主幹部ではより高度な経路制御プロトコルが用いられている．

Q 12.6 たとえば，メールを送りたいと思うとき，宛先のIPアドレスをユーザがいちいち指定することはしない．たとえば，著者宛なら n-tokura@kankyo-u.ac.jp というようなメールアドレスで指定する．実際には，@の後の部分の **FQDN**[†] (Fully Qualified Domain Name)がIPアドレスに対応する．これを使うなら，IPアドレスなど不要ではないか，考えてみよ．

（部分的説明）これはアセンブラの記号番地と，絶対番地との関係に似ている．人間にとっては，IPアドレスは決して扱いやすいものではない．インターネットではメールだけを扱っているわけではないので，メールアドレスがあるからいいということにもならない．むしろ，IPアドレスを使ってしっかりした通信の仕組みができている上にメールなどのサービスが可能になっている．ホストを指定するのに，IPアドレスをDDN形式で指定してもよいし，FQDNで指定してもよい．この対応を知っているホストがあり，そこに問い合わせることで解決できるからである．

12-3 プロトコル階層

図12.3はインターネットで使われている**プロトコル**の関係を示したものである．ここでのプロトコルは通信規約という意味である．プロトコルは，パケットなどの情報の構造（フォーマット）と，どういうやりとりで通信をするかという手順を決めている．通信が成立するためには，共通のプロトコルを利用しないといけない．インターネットというのは，ここの表で示すように，ネットワーク層ではIPを使い，トランスポート層では，TCPあるいは，UDPというプロトコルを使用することを前提としている．これらのプロトコル群を総称して，**TCP/IP**という．インターネットとは，簡単には，TCP/IPというプロト

FTP	TELNET	SMTP	...	DHCP	DNS	NFS	...	アプリケーション層
TCP				UDP				トランスポート層
IP								ネットワーク層
802.3			802.4			802.5		データリンク層

図 12.3　TCP/IP プロトコル(群)

コルを使用するネットワークと言ってもよい．TCP/IP はその情報を公開しており，多くのコンピュータの OS に取り込まれた．それによって，インターネットに接続することが可能となり，現在の世界規模のネットワークができあがったのである．TCP/IP という共通語を介して，世界中のコンピュータが接続できたといってもよい．

データリンク層は，トークンリング，トークンバス，イーサネットなどの規格を定めた層である．その下位層の機能を使って，IP がパケットを送る役目を果たす．パケットには送り先，送信元の IP アドレスやその他の管理情報をもつヘッダ部と，あるサイズに切りそろえられた送信データが含まれる．IP はルーティングを繰り返して，ホストからルータを経由して，宛先のホストに送られる．経路はそのときのネットワークの状況で変わるので，送った順にパケットが届くという保証はない．また，時には，突然ルート上の中継コンピュータが故障するようなこともあり得るので，パケットがなくなってしまうこともある．また，通信に付き物の雑音で，誤りが入ることもある．

パケットが消えたり，誤りがあったり，順序が変わったりするのでは，メールなどは困るであろう．そういう応用では，TCP というプロトコルを採用する．

上の図で，SMTP というプロトコルが TCP † の上に書いてあるのは，メールを送るプロトコル SMTP は TCP を使うアプリケーションであるということである．上の図では，他に FTP，TELNET が TCP を使うアプリケーションの例としてあげてある．

Q 12.7　TCP ではどうやってパケットの消失や順序不同，誤りに対応するのだろ

うか？

　（説明）順序を表わすため，パケットに一連番号をつけて送出する．そして，受け取った方では，番号順に到着していなければ，送り側に番号を指定して再送を要求する．荷物は事故があった場合再送するのは困難なこともある(それは保険で対応している)が，情報のいいところはコピーが簡単に作れることで，再送要求されれば，そのパケットをコピーし送出する．このようにして，パケットの落ちがあっても再送することで，正しく受信できる．また，通信の際，エラーが発生することがあるが，それが検出できたときは，これも再送することにすれば，全体として，信頼性の高い通信を確保できるであろう．

　逆に，UDP†は一連番号などの情報をもたず，ヘッダも非常に簡潔であり，どんどんパケットを送っていく．TCPが相手との通信経路を確立して，示し合わせて通信するというコネクション型であるのに対し，UDPはコネクションレス型であり，示し合わせなどせず突然パケットを送りつけるという方法である．TCPはそれなりのオーバーヘッドが掛かるが，UDPは簡素であり，高速伝送ができる．

Q 12.8　LANでのいくつかのプロトコルはUDPを使う．それはなぜか．
　（説明）TCPのような対策が必要なのは，いくつも中継されていくようなプロトコルの場合である．通信路のいろいろの異常に対応しないといけないからである．しかし，通常LANの中での通信は，信頼性が比較的高く，UDPを用いても問題はないからである．むしろ，高速の処理のメリットを利用したいということである．

12-4　電子メール

　インターネットや携帯電話で，電子メール(electronic mail. 以後，簡単にメールと呼ぶ)を送受している読者も多いであろう．メールを送るとき，メールアドレスが必要である．

メールアドレス

　メールアドレスは，機械の名前ではなくユーザを表わすものであり，メールアドレスは

ログイン名@システム名．ドメイン名

か

ログイン名@ドメイン名

という形である．

表12.1　ドメイン名

日本	
ac.jp	教育機関　ACademic
ed.jp	初等中等教育機関(高校以下)　EDucation
co.jp	会社　COmpany
go.jp	政府・自治体機関　GOvernment
or.jp	非商業団体　ORganization
ne.jp	プロバイダやネットワーク事業者の提供するサービス(プロバイダに契約した人が用いる)　NEtwork service
ad.jp	プロバイダやネットワーク事業者(JIPNIC会員)　ADministration
gr.jp	法人以外の各種団体　GRoup
都道府県名.jp	地域ドメイン(個人，地域に根ざした組織など)
アメリカ	
edu	教育組織(EDUcational institution)
gov	政府・自治体機関(GOVernment organization)
mil	軍隊および関連機関
第1レベルドメイン	
com	会社
net	プロバイダやネットワーク事業者
int	国際的な組織
org	各種団体
国別(一部の例)	
au	Australia
ca	Canada
de	Germany
fr	France
jp	Japan
se	Sweden
uk	United Kingdom

筆者が以前使っていたメールアドレスは tokura@ics.es.osaka-u.ac.jp で，最後の jp は日本を意味する country code（第1レベルドメイン／トップドメイン名），その前の ac は大学など教育機関を意味する **domain type**†（第2レベルドメイン），osaka-u は大阪大学を表わす機関名（第3レベルドメイン），es は基礎工学部，ics は情報工学科を意味するように決めた．そのアドレスは現在無効であり，今使えるメールアドレスは，n-tokura@kankyo-u.ac.jp である．同じ構造であるが，小規模大学なので，大学名までで済んでいる．ただ，tokura という読みのユーザが2人いて，tokura では区別が付かないので，n-tokura とした．メールの宛先であるから，ネットワーク上でユニークな（ただ1つに決まる）名前になるように決めなければならないことは理解されよう．

これらの名前は勝手に付けると重複が発生するおそれがあり，**NIC**†が管理している．日本では **JPNIC**†が第2レベルの属性名と第3レベルの組織名を管理している．トップレベルはインターネット全体として国際的に管理を行なっている．

国別のトップドメイン名は，ISO 規格の国名2文字表記†を用いる．トップドメインには，国名だけでなく全世界共通（どの国の人／組織）でも利用できる属性名（com, org など）もある．また，アメリカでは歴史的理由により，国名なしで属性が第1レベルに来るドメイン名を利用している．属性の分類は決まったものではなく，国によって異なる（表 12.1）．

メールはどう届けられるか

A さんがメールを B さんに送りたいとき，**メーラー**†というソフトウェアを使って，メールを作る．B さんのメールアドレスや件名，メール本文を書き込んで送信を指示するとメールは送られる．

B さんが自分のパソコンでメーラーを起動し，メールの受信を指示すると，B さんのメールを保管しているメールサーバに接続して，メールの一覧やそれぞれのメールをパソコンに送ってくれる．

メールの転送と配信をしてくれるのが，図 12.3 にも出ている Simple Mail Transfer Protocol，略して，SMTP というプロトコルである．SMTP は自分の機械宛のメールを受け取ったときは，そのサーバにあるユーザのメールボッ

クスにそのメールを保管する．これが配信である．自分の機械宛でなければ，転送する．数段の転送をして届くこともあるが，その際に，各転送でSMTPが働いているのである．なお，メールアドレスの@の後ろの部分を，**DNS**[†](Domain Name System)に知らせて，対応するIPアドレスを知ることができるので，TCP/IPプロトコルで，メールを送ることができる．アドレスを間違っていたりすると，送信者に送れないということを通知してくれる．

　なお，メールサーバの自分のメールボックスに保管されているメールを自分のパソコンに受け取るには，POP3プロトコルが使われている．

メールヘッダの情報

　メールは本文を送り届けるために，ヘッダ情報が本文の前につけて送られていく．メーラーで，各メールのヘッダ情報や，送られてきたままの情報(ソース)を見ることができるので，それを見ていただきたい(→ソースの見方[†])．

　ヘッダには，いくつかのフィールドがある．その一部を説明する．フィールドは，次の形をしている．

　　　　フィールド名：フィールド値[；パラメータ名＝パラメータ値]…

つまり，規格で決まっているフィールド名のあとにコロン：が入り，そこにフィールドの値を書く．ときに，パラメータがつけられるものがあり，それは＝で値を書き，必要数セミコロン；で区切って書き並べる．

　　To：宛先のメールアドレス

　　　　　ここには，複数の相手を書ける．

　　Cc：カーボンコピー送り先メールアドレス

　CcはカーボンコピーCarbon Copy)の略で，普通の手紙にも「cc：だれそれ」と書くことはあった．欧米では，タイプライタで手紙を打つとき，カーボン紙をはさんで，コピーを作ることができた．そのコピーを控えに保存するだけでなく，もう1枚コピーを作っておいて，第三者Cさんに送ることもあった．その際，本来の相手に，カーボンコピーをCさんにも送ったということを明示するため，「cc：Cさん」というように手紙に書いていた．その習慣の名残ᵉである．カーボン紙のコピーはそう枚数がたくさんできないが，メールの場合はその心配はない．

Bcc：ブラインドカーボンコピー送り先メールアドレス

Bcc (Blind Carbon Copy) で，コピーを送る相手の宛先を To や Cc の宛先には秘密にするものである．

From：差出人アドレス

Sender：実際の差し出し人メールアドレス

これらは普通メーラーが記入するので，意識することは少ないかもしれない．From には複数のアドレスを書けることになっており，その場合，実際にメールを差し出した人の名前が Sender に書かれる．

Subject：件名

これはメールの内容を簡潔に要約する文字列で，メーラーの受信メールの一覧表で表示されるものである．多くのメールを受け取る人にとってはこの件名はかなり有用である．

Reply-to：返信先メールアドレス

メールのありがたいことは，受信したメールに返事を書くときには，To：フィールドに自動的に，返信先が記入されるとか，受信した本文を参照しながら，返事を書けるということである．この返信先を知らせるものである．

Date：メールの送信日時

送信者がメールを送信した日時である．受信した時間やメールを書き始めた時間ではない．

Message-ID：ユニーク ID

これは，そのメールを他から区別するユニークな ID をメーラーが作成して記入する．「ユニークな文字列@FQDN」という形で，ユニーク性を保証しようとしている．ここで，FQDN†は，メールアドレスの@のあとの部分である (Q 12.6 参照)．これで，どのコンピュータからの発信かを示す．ユニークな文字列とあるところは，ログイン名と発信日時を組み合わせるなどで，一意性をもたせようとしている．

Received：from 転送元サーバ **by** 転送先サーバ [**via** 接続プロトコル] [**with** 転送プロトコル (SMTP or ESMTP)] **id** ユニーク ID **for** 宛先メールアドレス；転送日時

ヘッダ情報を見ると，多数のReceivedフィールドが付いていることがある．これは転送のたびに，付け加えられていくのである．これを見ると，どういう経路でメールが届いたかがわかる．転送プロトコルの名前や，転送日時もわかるので，いろいろ知ることができる．

Q 12.9 メールを使っていると，いろいろ疑問が起こる．そのいくつかを挙げるので，先に述べたように，ヘッダ部を見たりして，調べてみよ．

(1) 送り先が複数の時などは，メールをどこかでコピーして発送しているはずだが，どこでどうコピーしているのだろうか．Bcc:フィールドがコピーされないか心配だが．

(2) メーラーの機能で，受信したメールに対し，返信ボタンを押すと，いくつかのフィールドは自動的に埋めてくれる．返送先アドレスを間違いなく入力できて便利である．ただ，件名欄にRe:というのが自動的に入ってしまう．時に，「Re:Re:Re:Re:質問です．」などという件名のメールがあったりする．この書き方はメールのエチケットとしてはよくないと嫌う人もある．どうすればいいか．

(3) メーラーにスレッド表示という機能をもつものがある．この機能を指定するとメールフォルダの中のメールについて，メールのやりとりが繰り返されるような場合に，メールの関連を表示してくれる．どの情報を使っているのだろうか．

(4) メールの送信日時はわかるので，受信した時間がわかればどれくらいの時間で届いたかがわかるのだが，受信した時間はどこを調べるとわかるだろうか？

(5) 筆者の場合，講義関連の質問やミニレポートをメールで受け付けることがある．大量にメールが来るので，講義Aのメールはメールフォルダの「講義A」に，講義Bのメールはメールフォルダの「講義B」に分類して入れるようにしている．どうすれば，そういうことができるか．

(6) Receivedフィールドを見ていると，転送の時間を順に$T_1, T_2, T_3, \cdots, T_n$とするとき，必ずしも$T_1 < T_2 < T_3 < \cdots < T_n$となっていないことがある．これはどういうことだろうか．

MIME

次に，メールで種々の形式の情報を送れるMIME (Multipurpose Internet

Mail Extensions)について説明する．やはり，ヘッダ部に指定する．

　　MIME-Version：バージョン番号

　MIMEは原稿執筆時点では，バージョン1.0しか存在しない．電子メールシステムはもともと7ビットASCII文字列のメールを送ることを前提として作られたものである．そこに，16ビット符号の漢字を使った日本語のメールや，図や写真などまで添付して送れるようにする仕組みである．たとえば，日本語テキストは16ビット符号で表現されるので，そのまま送ると，初期のメールではよく文字化けが発生した．もともと7ビットしか想定していないからである．これを解決するために，7ビットに符号化するとか，種々の形式の情報を送るために，構造を指定する方法も含められたのがMIMEである．

　　Content-Type：タイプ/サブタイプ[；パラメータ名＝パラメータ値]…

　タイプのところには，text, application, image, audio, video, model, message, multipartなどが書ける．そして，それぞれにサブタイプやパラメータを指定できる．ここでは簡単な例をあげる．

　　Content-Type : text/plain ; charset = "iso-2022-jp"

　これは，日本語テキストであるが，7ビットで表現されている．ただし，これで送るときは，半角カナは使えないなどの注意がある．

　　Content-Type : text/plain ; charset＝"SJIS"
　　Content-Transfer-Encoding : base 64

　これはシフトJISで表わされたメールを送るときであるが，そのままでは8ビットであり，7ビットではないので，これを**base 64**†という符号化法で正しく送れるようにすることを示している．

　次は本書の原稿を岩波書店に添付ファイルとして送ったメールのヘッダの一部である．

Content-Type : multipart/mixed ; boundary＝"--B-str"
--B-str
Content-Type : text/plain ; charset＝"iso-2022-jp"
Content-Transfer-Encoding : 7bit

メール本文を符号化したものがつづく
--B-str
Content-Type : application/x-js-taro ;
　　　name＝"＝?iso-2022-jp? B? UxskQiMwIzk＋TxsoQi5qdGQ＝?＝"
Content-Transfer-Encoding : base 64
Content-Disposition : attachment ;
　　　filename＝"＝?iso-2022-jp? B? UxskQiMwIzk＋TxsoQi5qdGQ＝?＝"
　　添付ファイルを base64 符号化したものがつづく

　これは送り状の本文と添付ファイルの複合したメールであり，multipart/mixed という指定になっている．本文と添付ファイルの区切りは boundary＝"--B-str" で宣言した，区切り文字列で区切られている．もともとは呪文のような長い文字列であるが，ここでは簡単に，--B-str と置き換えている．後半の添付ファイルは base64 で符号化している．

　　Content-Type : image/jpeg
　これで，jpeg 形式のイメージを送れる．
　その他，いろいろの形式の情報をメールで送れる．これで理解していただけるであろうが，もともと7ビットの ASCII しか想定していなかったメールに，種々のデータ形式のものを送れるように MIME という拡張をしたことで，音声やビデオまでメールで送れることになった．これはインターネットが単に文字列の送受だけでなく，マルチメディアに見事に対応できていることを意味する．

12-5　その他の代表的アプリケーション

　いくつかの代表的なアプリケーションを紹介する．
WWW システム†(World Wide Web)
　インターネットの普及の引き金になったアプリケーションである．世界各地

のコンピュータの提供する種々の形式の情報(テキスト，画像，動画像，音声など)を利用できる．提供側にはWWWサーバが稼働し，利用側はWWWクライアント，WWWブラウザでその情報を得る．ブラウザで情報を得るには，**URL**†(Uniform Resource Locator)を指定することになる．その形式は，

　　　アクセス手段：//ホストドメイン[：ポート番号]/パス名/ファイル名

である．[　]内のポート番号は省略可能であることを表わす．

　　たとえば，

　　　http://www.kankyo-u.ac.jp/

を指定すると鳥取環境大学のホームページ†が表示される．この形式では，アクセス手段はhttpとなっており，kankyo-u.ac.jpのwwwというホストコンピュータが指定されている．ポート番号とパス名以降は省略されている．この場合，ポート番号を省略すると，httpの標準ポート番号80であると扱われ，また，省略されたパス名/ファイル名については，/index.htmlを補うことになっている．したがって，このURLを指定すると，www.kankyo-u.ac.jpというWWWサーバに，httpというプロトコルでアクセスし，ドキュメントルートにおかれているindex.htmlというファイルをとってきて，ブラウザにはウェルカムページが表示される．ここで，ウェルカムページというのは，そのサイトの最初に表示するように決めたページのことである．

　　URLはメールアドレスと違って，アクセス手段と，ドメイン名で指定されるサーバ上にある/パス名/ファイル名で指定されるファイルを表わしている．

　　WebブラウザでURLを指定すると，そのドメインのサーバのドキュメントルートから，相対的に/パス名/ファイル名を探して，そのファイルを転送してきて，その情報をブラウザが見せてくれるのである．その中で，リンクをクリックすると，そのリンクに対応して設定されているURLのファイルを取りにいく．こうして，次々と別のファイルを見ていくことができる．この簡便さがWWWの普及の1つの理由とも言える．

　　アクセス手段としては，http†だけでなく，GOPHER，FTP，WAIS，TELNETなどがある．

TELNET

これはワークステーションとメインフレーム (1 章) など, まったく異なるアーキテクチャの計算機どうしでも仮想端末機能が利用できるような仕組みを備えている.

FTP (File Transfer Protocol)

TCP/IP を使って, ファイル転送を行なう.

他のコンピュータにあるファイルを受け取ったり, 先方に送ったりできる.

rlogin (remote login)

これも telnet と同じく他のコンピュータにログインするための機能であるが, UNIX 相互の利用に特化したものである.

この他にも多数のアプリケーションがあるが, それは他に譲る.

まとめ

1 インターネットは LAN などがルータというネットワーク間の接続をする装置を介して接続されたネットワークである. とくに, TCP/IP プロトコルを使って, パケット交換をするネットワークは全世界に広がり, 多数のユーザを獲得した. これは The Internet と固有名詞となっている.

2 A というコンピュータから B というコンピュータにデータを送るのに, 電話のように回線を確保する方式でなく, データをパケットに分割し, ヘッダを付けて送る方式をとる.

3 インターネットに接続するすべてのネットワークインタフェースにこれを他と区別できるように IP アドレスを割り振る. パケットに書かれた宛先の IP アドレスをみて, パケットはルータによってつぎつぎと中継されていく.

4 プロトコルは階層的に作られている. IP はネットワーク層, TCP はトランスポート層, そして, それらを利用して, メールを扱う SMTP, POP3 など, WWW を扱う http などがある.

5 メールが届くには, メールアドレスというものが必要で, これも世界中で一意になるように決めている. これを使って, メールが届けられる.

6 メールや WWW は, もともと 7 ビットの ASCII 文字列を送受するように作ら

れたインターネット上で，多種多様なディジタルデータを送受できるように拡張されている．

演習問題

12.1 パケットを使うメリット／デメリットを挙げよ．

12.2 コンピュータネットワークを構成することのメリットはなんだろうか．もちろん，今はインターネットなどのサービスを利用できることは言うまでもないが，たとえば，初期の頃は数台のコンピュータを接続するだけでもメリットがあると考えられた．それはどういうメリットがあるだろう．これはたとえば，家庭内で小規模のネットワークを作る場合を考えればよい．

12.3 プロトコルは通信の規約を定めたものである．電話という日常使い慣れている通信では，人間もある種のプロトコルに従っている．まず「もしもし……」と言って，相手の反応を待ち，自分が「……ですが」と名乗っている．これは電話で円滑に通信するための，マナーを含んだプロトコルである．自分が電話をかけるときの方法をステップ順に書いて，もし，そのどれかを省くとどういうことが起こりうるかを書き上げてみよ．

12.4 DNSはあまり詳しく述べなかったが，いわばNTTの番号案内役である．そのアナロジーでどこまでが同じで，どういう点が違うかを書き上げてみよ．

13 コンピュータのこれから

むすびとして，これからのコンピュータについて考えてみよう．そのために，やはり基本に戻って考えよう．

13-1 コンピュータはどこまでできるか

コンピュータが多方面に利用され，**人工知能**†(Artificial Intelligence, AI)が語られ，SFでは人間と同レベルの知的活動が可能になるとか，ロボットが人間の制御を離れて反抗するというような可能性まで語られている．このような小説を読んで，将来大変なことになるのではないかと今から心配する人もあるかもしれない．コンピュータの仕組みについては本書で学んでいただいたが，それがどういう能力をもちうるかは，それでどのようなソフトウェアを動かすかに大いに依存する．ソフトウェアさえ書けば，なんでもできるのか，という疑問もあろう．

コンピュータの真の能力は

コンピュータに何ができるかという疑問はもっとも本質的な疑問であり，その解答は，実は今日のコンピュータが登場するより前，1930年代に一応の解答が得られていた．存在もしていないコンピュータの能力について，あらかじめ

結論が出ていたというのはどうしてだろう．そのことについては数学のほうで，「計算できるとはどういうことか」という基本的な問いに発している．計算とは一体なにか，それをとことん突き詰めて考えて，手順を追ってきちんと記号処理をすることで，なにができ，なにができないかなどについて議論したのである．その結果は，結局後から登場したコンピュータの能力を示すものであった．

1900年に数学者のヒルベルト†(D. Hilbert, 1862-1943年)は23の問題を提出した．これは20世紀に入るにあたり，数学が課題とすべき重要な問題をあげたものである．その中には，次のような問題があった．

ヒルベルトの第10問題(ディオファントス方程式†の可解性の決定)

「整数係数多項式方程式 $f(x, y, \cdots)=0$ が整数解をもつかどうかを判定する方法を見つけよ」．

これはわかりやすい話なのでここで説明し，「計算できる」ということの理解につなげよう．上の問題は，n 変数の整数係数の多項式が整数根(解)をもつかどうかを判定する方法を示せ，という問題である．たとえば，

$$x^2-3y^2z+z^2-4=0$$

という3変数 x, y, z の整数係数多項式の方程式に対しては，$x=2, y=z=0$ が1つの解である．

$$x^2+3y^2z+z^2+4=0$$

とするとどうだろう．なかなか整数解があるかどうかの判定はむずかしい．

こういういろいろの方程式が与えられるとして，それが整数解をもつかどうかを判定するアルゴリズムを作れというのがヒルベルトの提出した第10問題である．

1変数なら，因数定理を活用すれば簡単に判定できるであろう．つまり，与えられる方程式は $\sum a_i x^i = 0$ の形であり，解は最高次の係数 a_n の素因数で最低次の係数 a_0 の素因数を除した形(正負)に限られるから，そのうち整数になるものが根になるかどうかを調べればよい．その組合せはたかだか有限であり，順にテストすればよい．方法のアイデアのみを述べたが，これをプログラムに書けば，コンピュータで判定できる．その場合の入力は係数である．1変数の場合はこの問題は解けることになる．

多変数のときはどうかということになるが，その場合も，入力として各係数を与え，それで決まる多項式方程式が整数解をもつかどうかを判定するプログラム，あるいはアルゴリズムを見つければよいわけである．

1 変数の場合は高校レベルの知識で解決できる．2 変数になるとむずかしくなるが，部分的に判定する方法が見出されている．当初，多変数に対するアルゴリズムは見つかると予想されていたという．しかし，やってみるとなかなか困難だとわかってきて，ひょっとすると無理ではないかという感じに変わってきたという歴史的経緯がある．

そして 1930 年代に，この種の問題をより一般的に扱うことが何人かの研究者によって行なわれ，「計算できる」とか「アルゴリズムがある」とかということの意味が深く考察されるようになった．

チューリング[†](A. Turing, 1912-1954 年)は 1936 年に発表した論文で，今日**チューリング機械**[†](Turing machine)と呼ばれるコンピュータのモデルを提案し，その機械では解けない問題があることを証明した．チューリング機械は，順序機械に読み書きできるテープを付け加えた簡単な構成の機械である．読者はそういう単純な機械で機能不足だから解けない問題があるのだろうという疑念をもつかもしれない．しかし，説明は省略するが，このチューリング機械で，記号を順に処理していくという特性をもつ現行のコンピュータの動作はすべて完全に真似できるのである．つまり，チューリング機械で解けない問題は，現行のコンピュータでも解けないことになる．

それは今あるコンピュータについて言っているのであって，これからもっと能力の高いコンピュータが現われるかもしれないから，そのときにはコンピュータで解けないとはいえなくなるのではないか，という疑問もあるであろう．それはコンピュータとしてどこまでを含むか，コンピュータの定義にもかかわることである．ただ，0 と 1 で組み合わされた記号を順に処理していくというスタイルのものならチューリング機械で真似できるわけで，そうであるかぎり，今あるコンピュータだけでなく将来のコンピュータも含めた結論である．チューリングがこの結果を得たときには，コンピュータは実際にはなかったのであり，特定の時点のコンピュータにかかわる話ではない．

「チューリング機械によっても解けない問題がある」．チューリングの得たこの結果は大きな衝撃であった．「直感などを使うのでなく，きちんと手順をおって作業するという方法では解けない問題」が現に存在するというのである．それはチューリング機械の停止問題†であったが，類似の問題で言いかえると次のようになる．

われわれ教員が学生にプログラムの演習を課したとき一番困るのは，その採点である．プログラムが本当に正しく動くのかどうかを判定したいのだが，実際にはなかなかむずかしい．たとえば，2次方程式の根を小数点以下10桁まで正しく求めるプログラムを作れという課題を与えたとする．それが想定した範囲のありとあらゆる2次方程式に対して，求める正しい結果を与えることを確認することはとてもできないであろう．下手にプログラムすると，いつになっても計算が止まらない(いわゆる無限ループにはまるようなプログラムになっていたり)とか，ある範囲なら正しい答えになるが，符号が変わると正しくないとか，重根になるとき対応できないとか，複素数根になるときに正しく計算できないとか，いろいろの例があり得る．できることなら，ソースプログラムをフロッピーディスクかインターネットで提出してもらって，それを入力すると，プログラムを実行するのでなく，字面をみて，要求どおりのプログラムであるかどうかを判定するようなプログラムを作れるとうれしいのだが，実はこれは原理的にできないことが言えるのである．

それでは要求をしぼって問題を簡単化し，「すべての入力に対して，いつも停止するかどうか」(言い換えると，無限ループにはまることがないということだけ)を判定するだけでいいとしても，それを判定するプログラムは存在しえないのである．これはチューリングの示した「チューリング機械の停止問題の決定不能性」から導ける．また，プログラムが要求仕様を満足するか，2つのプログラムが等価かどうか(もしこれが解ければ，等価なプログラムの中からもっとも短いプログラムを選ぶこともできる)など，実用上も意味のある多くの問題が，コンピュータでは解けないと結論される．「コンピュータは万能とは言えない」のである．

コンピュータ(厳密にはコンピュータとプログラム)では解けない，言い換え

ると，アルゴリズムによっては解けない問題が多数発見されてしまった．解けない問題があるという意味ではコンピュータは万能ではないと言ったが，一方，**万能チューリング機械**†(universal Turing machine)という概念もある．

これは，任意のチューリング機械Mの記述† d(M)を与えられるとMの動作を真似することのできる機械である．記述d(M)は普通のコンピュータでいうプログラムに相当する．万能チューリング機械を普通のコンピュータでシミュレートすることももちろんできる．その意味では，コンピュータは任意のチューリング機械をシミュレートできるという意味で，万能である．

ヒルベルトの第10問題は，提出から70年たって，ロシアの若い数学者マチヤセヴィッチ(Matijasevic)によって否定的に解決された．すなわち，あのように一見単純そうに見える問題も，アルゴリズムでは解けないということが証明されたのである．

ただし，原理的に解けない問題に属する具体的な問題†がすべて解けないと思うことはない．第10問題でも，一般の多変数の場合まで問題を広げるとだめだが，部分問題なら解ける．実際にわれわれが直面する問題がどういうものかを判断して，コンピュータを使うかどうかを決めなければならない．

このような原理的に解けない問題以外に，原理的には解けるはずだが，実際上解けないという問題†があることにも注意しておこう．たとえば，n個のものの並べ方(順列†)をすべて試してみて，その中から望ましい性質のものを解として与えるという解き方でなければ解けないという問題があるとする．そのような順列の数は$n!$(nの階乗)個ある．この数はnが大きくなっていくと急速に大きくなる．

いかに高速のコンピュータといっても，限度はある．許容できる計算時間で解けなければ，これは原理的には解けても実際的には解けない問題の範疇(はんちゅう)に入るであろう．

人工知能の研究者で，「今この問題は計算時間がかかってなかなか実用規模の問題までは解けないが，コンピュータの性能は年々急速にあがっているから，そのうちに解ける」という人が少なくなかった．この発言は実はあまり信用できない．

なぜだろうか．計算時間が入力のパラメータ n に対して，指数関数的に増大するような問題はしばしばある．たとえば，計算時間 $T(n)$ が 2^n に比例して増大するとする．そして，現在のコンピュータで，$n=10$ までは $2\,\mathrm{ms}$（ミリ秒）程度で計算できるとする．このとき，$n=20$ などに対して計算するにはどれくらい時間がかかるか見積もってみる．c を比例定数として

$$T(10) = c \times 2^{10} = 2\,\mathrm{ms}$$

とおけば，$c=2^{-9}$ を得る．そうすると，

$$T(20) = 2^{-9} \times 2^{20} = 2^{11} = 2048\,\mathrm{ms} \fallingdotseq 2\,秒$$

$$T(30) = 2^{-9} \times 2^{30} = 2^{21} = 2\,秒 \times 1024 = 2048\,秒 \fallingdotseq 34\,分$$

$$T(40) = 2^{-9} \times 2^{40} = 2^{31} = 34\,分 \times 1024 = 34816\,分 \fallingdotseq 580\,時間 \fallingdotseq 24\,日$$

$$T(50) = 2^{-9} \times 2^{50} = 2^{41} = 24\,日 \times 1024 = 24746\,日 \fallingdotseq 67.79\,年$$

$$T(60) = 2^{-9} \times 2^{60} = 2^{51} = 67.79\,年 \times 1024 \fallingdotseq 69424\,年 \fallingdotseq 694\,世紀！$$

となる．このように指数関数的に計算時間の増大するようなアルゴリズムは，少し問題の規模が大きくなると事実上解けないし，コンピュータの発達を数年や数十年待ったくらいでは解けるはずがないということになる．

人工知能

人間の頭脳に替わるものを作るという人工知能の夢は，コンピュータの出現とともにふくらんだ．そして，何回かの人工知能ブームがあった．機械翻訳，パーセプトロン，パターン認識，エキスパートシステム，ニューラルネットなど，いろいろの話題が現われて大きな関心を呼んだ．一般の人はこれらのキーワードを聞くと人間と同レベルのことをすぐ期待するが，その意味ではいずれも期待を満たすものではなかった．

実際に，「人間の頭脳についてはまだほとんどわかっていないというのが本当のところで，それをコンピュータで真似できるというのはあまりにも早すぎる」というのが正直なところのようである．エキスパートシステムもいろいろ作られ，効果があがっているという話も聞くが，知識を蓄積すればするほどそれから結論を導くための計算量が急激に増大するようなアルゴリズムを用いているなら，先に述べたように実際上計算できないことになってしまう．ある人工知能の専門家によれば，「今までのやりかたでは小さいデモンストレーショ

ンをやるくらいで，実用にはほど遠い．アルゴリズムの研究をもっとしなければいけない」というように変わってきた．

翻訳やプログラムの自動合成などでは，「意味」をきちんと扱わねば本質的な解決は望めないが，「意味」を満足に扱えるには今後1世紀は必要とするだろうという予測(これは著者が大学院生だったころ読んだような気がするので，40年くらいは割り引かなければならないだろうが)があった．技術予測があたるかどうかなんとも言えないが，問題は本質的には解決されておらず，前途は相変わらず遠いようである．

人間とコンピュータ

少し否定的な話が続いた．ではこのような問題はまったく解決できないのかというと，そうとはかぎらない．人間の頭脳は，いかなる機構によるのかはわからないが，天啓のごとく正しい解決を見出すことがある．コンピュータには真似のできないことではないだろうか．コンピュータは先の章でも見たように，非常に単純な命令を順に指定された通りに実行するだけである．それでも多くの仕事をこなしているのは，ひとえにその高速性による．人間は速度ではまったくコンピュータにはかなわないが，順序にかまわない飛躍した思考やひらめき，直感，総合的な判断力などというものをもつ．修練をつんだ人間の能力というものは神秘的とも言えるものがある．この意味では，コンピュータが人間を超えるなどということはないのではないか，と思われる．コンピュータに得意なことと人間に得意なことはおのずと違うのではないだろうか．したがって，適切に作業を分担するという発想が有用であろう．

コンピュータはあくまで機械であって，それをあまりに擬人化するというか，人間と同じように考えないほうが，期待しすぎて失望することもないし，その能力に嫉妬を感じることもないであろう．「記号を処理する能力をもった機械」はまだまだ人類に奉仕してくれるであろうし，その能力をよい方向に使わねばならないであろう．コンピュータを敵視する人もいるが，コンピュータに問題があるというより，それを操る人間の側にすべての問題も解答もあると考えるものである．コンピュータを正しく理解し，よく使うことが必要である．

13-2 コンピュータと社会

この節ではいくつか読者にも考えていただきたい問題をあげていく．すぐに解答できる問題とはかぎらない．しかし，今後の生活においてこれらの問題を意識して考えを深めていただければよい．この節ではいくつかの問い(Q)を提出するが，そのほとんどは読者の調査と考察を求めている．調査と考察のための方法の示唆とか，ヒントとしてキーワード的なものをあげてはいるが，できる限り図書館やインターネットを活用して，自分の興味のあるところを調査してみてほしい．

(1) コンピュータのない世界は考えられるか

20 世紀後半に登場しめざましく進歩し，また，普及したコンピュータであるが，それは人類に幸いをもたらしたのだろうか．あるいは，取り返しのつかない災いをもたらしたのだろうか．

Q 13.1 コンピュータを使うメリットはある程度あげられるだろう．ここで，それを整理してみよ(この問題は，1 章でも考えたが，ここまで，学んできた上で，もう一度考え直してみよ)．

Q 13.2 逆に，コンピュータを使うことで生じるデメリット，あるいは，デメリットになりそうなことをできるだけ多数あげてみよ．
いくつか思いつく項目をあげるが，その中で気になるものについて，現在の知見を調べてみよ．

・失業者を生まなかったか(あるいは，将来生まないか)など社会経済的な問題
・健康に害を与えないか(ドライアイ，頸肩腕症候群(けいけんわん)など)
・人間らしさを失わせることにならないか(コンピュータとの対話は苦にならないが，生身(なまみ)の人間との接触がうまくできなくなったり，仮想現実と現実との区別ができなくなるなどの問題)
・ネットワークでの犯罪など
・パソコンの廃棄といった環境問題など

Q 13.3 もし，Q 13.2 にあげたようなデメリットが大きいなら，コンピュータに取って代わるようなものは考えられないだろうか．
「コンピュータにとって代わるもの」とは何だろう？ 将来登場するものをコ

ンピュータと呼ばないなら，そのときは，コンピュータはその新しいものに置き換えられることになる．しかし，コンピュータは，はじめ機械式のものが構想されたが，実際には電気を使うものが主流となった．それは実現形態，方法の違いであって，いずれもコンピュータであるという点はかわらない．コンピュータの定義が改めて問題になるところである．

前節でみたように，コンピュータの出現以前に「計算」という概念が精密化され，その本質は「ステップを踏んで行なう記号処理である」ということである．これを実行するものが計算機であるなら，とって代わるものは考えにくいかもしれない．

Q 13.4 現実には，コンピュータは非常な勢いで普及している．それはなぜだろうか．得られるメリット以外の要素も考慮して，議論せよ．

以下に，いくつかの要素をあげてみる．そのどの要素が大きいと考えるか，もっとも牽引力になるものはなにか，将来コンピュータがさらに活用されるにはなにが大事になるか．

・コスト低下，性能向上，信頼性向上，省電力化，小型化などコンピュータ自体の変化
・ネットワークとの接続，インターネットから得られる情報など通信との融合
・アプリケーションの充実で，コンピュータが多方面で有効に使える
・ユーザインタフェースの高度化で，誰でも使えるようになる
・周辺機器の多様化，高性能化で，多様な情報を扱えるようになる
・メーカーの宣伝，販売努力
・横並び意識．他の人ももっているからという理由
・学校現場，中小企業へのコンピュータの普及推進政策
・IT講習会等のディジタルデバイド対応の政策
・組み込み型コンピュータの使用の増加(自動車，家電製品，ロボット等産業機器，カメラ等種々の機械類，医療機器，事務用品，携帯電話，等)
・大規模情報システムの増加(オンラインシステム，物流システム，高度交通情報システム，等)

(2) 想定外の副作用

あまりにも，情報機器，システムへの依存度が高まると，予想しなかった効果も生むのではないか．コンピュータに限らず，「新しいもの」には，当初期待

した主効果以外に，普及するにつれ，想定外の副作用が顕在化(けんざいか)することがある．

Q 13.5 そのような事例を集めて，コンピュータに当てはまることがないか検討せよ．

PCB(ポリ塩化ビフェニール)，フロン(flon，塩化フッ化炭化水素の総称)について調べてみよ．いずれも登場したときは，これほど優れた物質はないといわれたが，いくつかの事件を経て，使用禁止あるいは，使用量削減となった．薬品にも同様の事例はかなりある．

コンピュータやコンピュータネットワークへの依存度が高まると，副作用も大きく現われる．たとえば，いまや電気，ガス，水道は，社会のもっとも基本的なインフラとなっている．神戸淡路大震災では，これらのインフラが大被害を受け，その復旧も大変であった．依存度が高いほど，その障害が発生したときの影響は大きく深刻である．

コンピュータシステムを導入するときは，異常時の影響を事前によく検討し，必要な対策を講じておかねばならない．

Q 13.6 社会的システムなど，コンピュータやネットワークの誤動作やシステムダウンが起こると，マスコミで報道される．それだけ社会システムは重大な影響を与えるということでもある．どういう事故が報道されたか調べてみよ．それを将来に生かすことを考えねばならない．

Q 13.7 コンピュータの信頼性はどのようにして向上してきたか，調べてみよ．

著者が学生時代聞いた説明では，次のように信頼性を評価していた．

1つの部品の1時間あたりの故障の確率をpとする．そのとき，2つの部品を使用し(その部品の故障が独立に起こると仮定できるなら)その時間故障なしに済む確率S_2は

$$S_2 = (1-p)(1-p) = (1-p)^2$$

となる．そして，n個の部品をつかっているなら，その時間内故障なしで済む確率

$$S_n = (1-p)^n$$

と表わせる．この値は，nの増加とともに，急激に小さい値になる．多数の部品からなる大規模なシステムの信頼性確保がむずかしい問題であることを，このようにして，説明された．

ここで，たとえば，$p=10^{-6}$(100万時間で1回の故障)という非常に信頼性の高

い部品を使っていたとしても，LSI など 100 万を優に超える素子部品を含む回路であるとどうだろうか．部品数を 100 万個として，

$$S_{1000000} = (1-10^{-6})^{1000000} \fallingdotseq 1-10^6 \cdot 10^{-6} = 1-1 = 0$$

(ここでは，1 に比べ，x が十分小さいときは，$(1+x)^n \fallingdotseq 1+nx$ と近似できることを使った．もちろん，対数などを使って，きちんと計算してもよい)で，1 時間故障なしに動く確率はほとんど 0 に近いということになる．もし，そうであるならば，パソコンを買ってきて 1 時間動かすとほぼ確実に故障してしまうということになりかねない．これは現実の説明にはなっていない．どこかに実際と合わないことがあるのであろう．

パソコンはロットによって多少故障の多いこともあるが，数年トラブルなしに動くというようなことは珍しくない．少なくとも著者がこれまで使ってきたコンピュータはいずれも故障して修理に出すということはなく済んでいる．

Q 13.8 パソコンは故障しても影響範囲は広くない．しかし，銀行のオンラインシステムなど，社会的システムとも言える巨大システムは，サービスの中断のないような種々の対策を施している．それについて，調査してみよ．

いくつかのキーワードをあげておく．調べてみると興味深いことが多々ある．

- コンピュータやデータベースの冗長構成．待機冗長．通信回線の 2 系統化(たとえば，通信回線は 1 つの交換局だけに接続するのでなく，2 つの交換局に接続するなど．また，中継回線も多重化されている)
- 電源関係(無停電電源装置，バッテリー，自家発電装置)
- データのバックアップを毎日とり，安全な場所へ輸送保管する
- 免震装置，免震ビル，消火装置(窒素ガスなど)
- セキュリティチェック(入退室管理，ID カード，その他)
- コンピュータセンター自体の 2 重化(ときには，関東に 2 センター，関西に 1 センター体制など)

最近は，安全性を重視したデータセンタービルが造られるようになっている．

Q 13.9 インターネットははじめは研究者間で使われており，性善説システムであるとも言われた．しかし，これを商用利用にも解放して，誰でもアクセスできる共通のインフラへと変化してきた．こうなると，まさに種々の問題が次々と起こってくる．マスコミ等でもしばしば報道されるが，ウィルスやクラッキングが問題になっている．以下の項目について，調査してみよ．

- クラッキング，スニファ攻撃，スプーフィング，不正侵入，セキュリティホール，パスワード攻撃，メール爆弾，スパムメール，スタッフの不正操作，ウィルス，ワーム，トロイの木馬等
- システム管理者，ログツール，ファイアウォール，ワンタイムパスワード，ワクチン，パケットフィルタリング，プロキシ等

Q 13.10 インターネットでの問題としてあげたものは，心ない人間や悪意ある人間の仕業であることが多数であろうが，ときには，ネットワークでの常識を知らずに多くの人に迷惑をかけるという事例も多々ある．大学でも情報倫理やネットワークリテラシーの教育をするようになっている．ネットワークリテラシーについて調査し，今後に生かしていただきたい．インターネットでのマナーやエチケット（ネチケット）について，調べてみよ．

今後の課題

コンピュータの性能向上のスピードはいつまでも今までのような勢いではないであろうが，まだまだ前進することを目指して努力が続けられている．基本的にはこれまでのものと違った原理のものに代替されるというより，従来のものをより高い精度で作ることで性能を向上させているというものが少なくない．

Q 13.11 IC，レーザー，磁気記録という3つの項目について，技術動向を調査してみよ．

Q 13.12 本書で説明したのは，いわゆるフォン・ノイマン方式のコンピュータである．非フォン・ノイマン方式のコンピュータの提案はいくつもある．また，違った動作原理のコンピュータとして，いろいろのアイデアがある．たとえば，データフローマシン，リダクションマシンなどである．その他，ニューロコンピュータ，量子コンピュータなどについて，調査してみよ．

ハードウェアだけでなく，ソフトウェアが重要である．ところが，ソフトウェアはハードウェアとかなり特性が違う．パッケージソフトを別として，ソフトウェアは基本的に1品生産である．ちょっとしたソフトウェアでも1ヶ月かけてようやく完成するとか，大規模なシステムなら，数百人が取り組んで，計画から設計，製作で数年を要するというものもある．当然，巨額の開発費がかかる．生産性を上げること，そして，高品質のソフトウェアを作ることが求められる．しかし，ソフトウェア開発は人間の力で行なわれるので，ソフトウェ

ア技術者の力量が成果に大きく影響する．高度なソフトウェア技術者が求められているが，なかなかその期待に応えられていない．

Q 13.13 ソフトウェア開発における種々の問題点，ソフトウェア産業の動向などを調べてみよ．どういう人材が求められているかも調べてみよう．

2001年1月6日から，IT基本法(高度情報通信ネットワーク社会形成基本法)が制定され，情報化社会へ向けての方針が示された．「IT」をマスコミなどが大きく持ち上げた後，景気の沈滞とともにIT産業の不況に見舞われ，ITバブルなどという言葉も使われた．しかし，そういう一時の浮沈はあるにせよ，情報化社会に突入していることは明らかであり，よりよい社会を構築することをすべての関係者が考えていく必要があるのではないだろうか．その社会で生きるわれわれ一人一人はどういう生活を選択するかを自己責任で決める必要があり，情報化社会がいかなるものであるべきかについても無関心であってはならないであろう．本書で学んだことは，情報化社会に生きるすべての人が常識としてもっていて欲しいという要請から始まっている．多くの人が情報についての理解レベルを高めることが，よりよい情報化社会の実現にも有用であり，これからも継続して関心をもっていただければ幸いである．

まとめ

1. コンピュータは多くの技術に支えられており，コンピュータの進展が産業を牽引するということもある．いくつかの主要な基盤技術の名前を挙げたが，これ以外にも多数ある．
2. ソフトウェアがコンピュータから能力を生み出す．ソフトウェアにも多大の努力が払われているが，もっと推進することが今後重要である．
3. インターネットや携帯電話など，ネットワークの進展はめざましい．基盤技術の進展も楽しみであるが，これをどう活用するかも課題である．
4. コンピュータは果たして万能か．万能でないとして，コンピュータにできないことはどういうことか，原理的にできるとしても実際上コンピュータでは扱えない問題はなにか．この種の議論は実はコンピュータの出現より前に一応の解決を見ていたが，その後も計算論として，精密な議論が行なわれている．その種のコン

ピュータの限界などを明確に理解することは，コンピュータを活用する上で重要な指針を与えてくれる．

5　コンピュータの得意なこと，不得意なことをよくわきまえ，人間は人間の得意なところを発揮して，うまくコンピュータを使うことが求められる．コンピュータは怪獣でも人に不幸をもたらすためのものでもない．誤解しておそれるのでなく，正しく認識して，この有用な道具をうまく活用することを考えるべきであろう．

6　本書で述べきれなかった事項は多くある．関心のあるものについて，自分で調べたり，考えを深めていくことを期待して，いくつかのきっかけを提示した．

7　なお，今後情報関係は非常な勢いで進歩もあろうし，その間これまでと違った新しい問題が発生することもあろう．そのようなときにどういう姿勢で処すべきか．これは大事な問題である．ここでは情報処理学会の『倫理綱領』を紹介するので参考にされたい．倫理綱領についての全文と解説が CD-ROM に収録されているので，参考になろう．

演習問題

13.1　アルゴリズムによって解けない問題が実際に存在するということについて，これは当たり前と思うか，それとも衝撃的な結果と受け止めるだろうか．また，解けない問題が存在することをどのように証明したのだろうか，考えてみよ．

13.2　チャップリンの映画『モダン・タイムズ』を見たことがあるだろうか．ある人はコンピュータは「便利でありがたいようであるし，人間の能力をある面ではるかに超えた恐ろしい存在でもあるように思う．チャップリンの『モダン・タイムズ』をもっと厳しくした時代が訪れつつあるのかもしれない」と言っている．これについてどう考えるか．

13.3　次に，放送大学の受講生からの発言から5つを紹介する．どの意見が自分の考えに近いか．

(1) コンピュータとは偉大なる赤ん坊である．すなわち，ソフトウェアなしではただの箱にすぎないが，ソフトウェアという知恵を授けられたときに，偉大な天才に変身しうる．

(2) コンピュータは計算は正確で速いが，プログラマの能力以上のことは行な

わず，また融通もきかず，わずかなミスであっても計算を止めてしまう．

(3) コンピュータは人がやっていた作業を正確に，速く，安く代行する機械である．しかし，そのコンピュータは自立しておらず，命令をプログラムという形で人が入力してやらなければならない．コンピュータを生かすも殺すも，人が介在するものである．

(4) コンピュータは非常に律儀(りちぎ)に忙しく働き続ける道具なのだという気がする．使いこなさなければ無用の長物であろう．しかし，働きが限定的かつ正確であるがゆえに，「どう使うか」，「どう役立てるか」といった非常に高度な創造力を使用者に要求されるやっかいな道具であると思う．

(5) コンピュータはたしかに今の社会では，切り離すことができないほど社会に浸透しているが，決して人間にとって代わるものではなく，むしろ共存させなければならないものであると言える．それゆえ，今のようにさらにブラックボックス化していくことを考え直し，適切なインタフェース，つまり接点を保ちながら，つくられていくべきものである．

13.4 「そのうちに，コンピュータは人間を追い抜くのでしょうか」という質問を受けることが多い．これは読者にも考えていただきたいことである．1つのあり得るストーリーは，完全な意味での人間を凌駕(りょうが)するものはできないとしても，むしろ，心配は「中途半端(ちゅうとはんぱ)なできそこないの一部だけ人間を超えたもの」を作ってしまう可能性である．人間を超えることはなくても，人間に危害を加えたり，不幸にするものを作ってしまう研究者がいないとはいえない（兵士ロボットなど）．こういう可能性にどう対応すればよいか．

13.5 学力低下がいわれているが，「指示待ち」で自分で考えないというタイプの人間が増えるならどうなるか．コンピュータは本書で見てもらったように，指示されたことは実に高速，正確，確実に実行する．指示してもらわなければ動けない人間ならば，コンピュータにはかないっこないということになる．こうなると，コンピュータに追い抜かれるのでなく，人間の方がコンピュータ以下に成り下がるという可能性はある．これについてはどう考えるか．

さらに勉強するために

本書で述べたことがらについて，より深く勉強したい方のために，手もとにある本の中から比較的入手しやすいと思われるものをいくつかあげよう．

コンピュータ入門のためのものとしては，以下のものがある．

[1]　森口繁一・筧捷彦・高澤嘉光著『電子計算機への手引き』岩波講座情報科学 2, 岩波書店(1982)

[2]　所真理雄著『計算システム入門』岩波講座ソフトウェア科学 1, 岩波書店(1988)

[3]　浦昭二・市川照久著『情報処理システム入門　改訂版』サイエンス社(1998)

[4]　都倉信樹著『新版　情報工学』放送大学教育振興会(1999)

[5]　武井惠雄・大岩元著『みんなのパソコン学』オーム社(2001)

ディジタル回路，論理設計，順序機械等については，

[6]　当麻喜弘著『順序回路論』昭晃堂(1976)

[7]　尾崎弘・藤原秀雄著『論理数学の基礎』オーム社(1980)

[8]　室賀三郎著，室賀三郎・笹尾勤訳『論理設計とスイッチング理論』共立出版(1981)

[9]　当麻喜弘・内藤祥雄・南谷崇著『順序機械』岩波講座情報科学 13, 岩波書店(1983)

［10］　笹尾勤著『論理設計　スイッチング回路理論』近代科学社(1995)

［11］　原田豊著『論理回路と計算機ハードウェア』丸善株式会社(1998)

［12］　岡本卓爾・森川良孝・佐藤洋一郎著『入門ディジタル回路』入門電気・電子工学シリーズ 6，朝倉書店(2001)

が参考になる．

情報理論，符号理論などについては，

［13］　嵩忠雄著『情報と符号の理論入門』情報工学入門選書 6，昭晃堂(1989)

がコンパクトに要点をまとめている．

コンピュータアーキテクチャ関係に興味があれば，次の本などがある．

［14］　相磯秀夫・飯塚肇・元岡達・田中英彦著『計算機アーキテクチャ』岩波講座情報科学 15，岩波書店(1982)

［15］　松山泰男・富沢孝著『VLSI 設計入門』共立出版(1983)

［16］　元岡達編『VLSI コンピュータ I』岩波講座マイクロエレクトロニクス 8，岩波書店(1984)

［17］　Thomas C. Bartee 著 "Computer Architecture and Logic Design"，McGraw-Hill(1991)．PDP-11 にふれている

［18］　柴山潔著『コンピュータアーキテクチャの基礎』近代科学社(1993)

［19］　馬場敬信著『コンピュータアーキテクチャ　改訂 2 版』オーム社(2000)

オペレーティングシステム関係については，以下の本を見るとよい．

［20］　A. N. ハーバーマン著，土居範久訳『オペレーティングシステムの基礎』培風館(1978)

［21］　Maurice J. Bach 著 "The Design of the UNIX Operating System"，Prentice-Hall (1986)

［22］　A. シルバーシャッツ・J. ピーターソン著，宇津宮孝一・福田晃訳『オペレーティングシステムの概念』(上下)第 2 版，培風館(1987)

［23］　村岡洋一著『オペレーティングシステム』近代科学社(1989)

［24］　清水謙多郎著『オペレーティングシステム』情報処理入門コース 2，岩波書店(1992)

計算できるとはどういうことか，コンピュータの真の能力は何か，などの根本的な問題については，計算可能性の理論，計算論などの本を読めばよい．たとえば，

[25] M. L. ミンスキー著，金山裕訳『計算機の数学的理論』近代科学社(1970)

[26] Michael Sipser 著，渡辺治・太田和夫監訳，阿部正幸・植田広樹・田中圭介・藤岡淳訳『計算理論の基礎』共立出版(2000)

が参考になる．

情報数学，アルゴリズムなどについては，

[27] R. セジウィック著，野下浩平・星守・佐藤創・田口東訳『アルゴリズム』第1巻，第2巻，第3巻，近代科学社(1990, 1992, 1993)

[28] R. セジウィック著，野下浩平・星守・佐藤創・田口東訳『アルゴリズム』C++対応版，近代科学社(1994)

[29] 川合慧著『コンピューティング科学』東京大学出版会(1995)

[30] T. コルメン・C. ライザーソン・R. リベスト著，浅野哲夫・岩野和生・梅尾博司・山下雅史・和田幸一訳『アルゴリズムイントロダクション』第1巻 数学的基礎とデータ構造，第2巻 アルゴリズムの設計と解析手法，第3巻 精選トピックス，近代科学社(1995)

[31] 有澤誠著『パターンの発見 離散数学』情報数学の世界1，朝倉書店(2001)

を読んでほしい．

プログラミング，ソフトウェア関係は，

[32] J. L. ベントリー著，野下浩平訳『プログラム設計の着想』近代科学社(1989)

[33] J. L. ベントリー著，武市正人・武市しげ子訳『プログラム改良学』近代科学社(1989)

[34] 阿部圭一著『ソフトウェア入門』第2版，共立出版(1989)

[35] 有澤誠編『クヌース先生のプログラム論』共立出版(1991)

[36] 河村一樹著『ソフトウェア工学入門』近代科学社(1995)

[37] 都倉信樹著『プログラミング入門』放送大学教育振興会(2000)

を見てほしい．

ネットワーク関係では，

[38] 宮原秀夫・尾家祐二著『コンピュータネットワーク』森北出版(1992)

[39] Douglas E. Comer 著 "Computer Networks and Internets" 3rd Ed., Prentice-Hall (2001)

[40] Andrew S. Tanenbaum 著，水野忠則他訳『コンピュータネットワーク』第3版，株式会社ピアソン・エデュケーション(1999)

[41] 石田晴久監修　MCR編『インターネット教科書』(上下)I&E 神蔵研究所(2000)

がある．

歴史，ここでは具体的な事例中心のものを2点あげる．

[42] 相田洋著『NHK 電子立国日本の自叙伝』(上中下，完結編)日本放送出版協会(1991, 1992)

[43] 遠藤諭著『計算機屋かく戦えり』アスキー(1996)

用語などの参照には多数の用語辞典，ハンドブックが出版されている．たとえば，

[44] 長尾真他編『岩波情報科学辞典』岩波書店(1990)

[45] 島内剛一・有澤誠・野下浩平・浜田穂積・伏見正則編『アルゴリズム辞典』共立出版(1994)

を見てほしい．

情報倫理，リテラシー，ネチケットなどについては，

[46] Sara Baase 著 "A Gift of Fire", Prentice-Hall(1997)

を参考にされたい．

以上，手もとにあったものの中からいくつかの書物を紹介したが，これ以外にも多数ある．図書館や書店，あるいは理工学図書目録などで自分にあったものを選ぶのがよい．コンピュータ，コンピュータサイエンス，あるいは情報工学の分野には，従来の学問分野とはかなり異質の，新鮮な概念や，興味深い理論，結果が多数ある．深く学べば知的な満足を覚える内容も多いであろう．さ

らに進んで学んで下されば幸いである．

索引

A〜C

ACK 信号　181
ADSL　183
AD 変換器　23
ALU　75
AND　58, 74
ASCII　35
base 64　202
bps　179
CAD　65, 146
CATV　183
CD-RW　16
CRT ディスプレイ　24
CUI　150

D〜H

DDN　190
DHCP　195
DMA　18
DNS　195, 199
DRAM　15
DVD　16
D フリップフロップ　86
EBCDIC　35
EMT 命令　149
ENIAC　3
FQDN　194
FTP　195, 205
GUI　150
Heron の公式　148

I, J

IC　4
IC ゲート　48
IP　195
IPL　164
IPv4　189
IPv6　189
IP アドレス　188
ISDN　183
ISO　34
ISO コード　34
JIS　34
JK フリップフロップ　88
JPNIC　198

L〜P

LAN　158, 187
MIL 規格　58
MIME　201
NAND　48, 59

NFS　195
NIC　198
NOR　59
NOT　49, 58
OR　59
PC相対アドレシング　109
PDA　179
PDP-11　99, 129
PSW　100

R〜U

RAM　15
RDY信号　181
read　13
rlogin　205
ROM　15, 164
RS232C　179
RS422　179
SMTP　195
SRAM　15
SSI　48
TCP　195
TCP/IP　188
TELNET　195, 205
TSS　155
UDP　195, 196
URL　204

W〜X

WAN　158
Webブラウザ　146
write　13
WWWシステム　203
XOR　59

ア行

アイコン　150
アクセス　99
アクセス時間　19
アセンブラ　146, 166
アセンブリ言語　103, 166
アナログ　37
アプリケーション層　195
アプリケーションプログラム　146
暗黙の了解事項　176
イーサネット　179, 191
1ビットの加算　70
一括処理　154
一致関数　52
移動通信　179
イミディエイトアドレシング　112
インターネット　2, 188
インタフェース回路　9, 47
インタプリタ方式　169, 170
インデックスアドレシング　107
インデックス修飾　108
インバータ　58
ウィンドウシステム　145
液晶　24
エディタ　146, 171
エディット段階　171
演算子の強さ　55
応答時間　156
オーバーフロー　77
オブジェクトプログラム　167
オフセット　123
オペランド　105
オペレーティングシステム　11
重み　29, 126
オンライン・システム　158

カ行

解釈プログラム　170
回線交換　188

回転待ち時間　19
外部バス　134
回路の解析　60
回路の構成　61
会話的　156
カウンタ　89
可換　54
かさ上げ表現　39
加数　69
仮想化　147, 160
仮想記憶方式　159
仮想現実　214
紙テープ　44
カルノー図　51
関数表　51
間接アドレシング　107
間接番地　113
記憶装置の階層　20
記憶媒体　176
機械語プログラム　166
(機械語)命令　11
機械命令　166
記号　176
基数　30
揮発性　20
キーボード　21
基本ゲート　48
逆の表現　42
キャッシュ　20
キャラクタ同期　182
切り捨て誤差　42
組合せ回路　85
組み込みコンピュータ　159
組み込み使用　159
位取り記数法　29
グラウンド　48
グラフィック記号　35

クロック　140
クロックパルス　92
頸肩腕症候群　214
計算器　4
計算機　4
計算機ネットワーク　158
携帯電話　2, 179
桁上げ　70
結合的　54
ゲーム　2
減算器　72
減衰　178
語　12
後縁トリガ型　86
交換機　178
公衆電話回線　179
高水準言語　167
国際単位系の接頭語　14
語数　12
語長　12
固定小数点表現　38
コード　34
コマンド　152
コマンドインタプリタ　145
コンパイラ　146, 167
コンピュータ　3
コンピュータの簡単な歴史　4
コンピュータのない世界　214

サ行

最小項　57
最小項展開　57
雑音　176
サブルーチン　123
算術論理演算部　75
磁気ディスク　16
磁気テープ　16, 36

式による表現　52
シーク動作　18
資源　147
思考時間　157
システムプログラム　145
実行形式プログラム　168
実効番地　108
実際上解けないという問題　211
実際の通信　175
実時間システム　158
実時間処理　157
自動加算アドレシング　110
自動減算アドレシング　113
シフト　78
シャノン　177
ジャンプ命令　120
集積回路　47
周波数　180
周波数成分　184
16進表現　33
主記憶　9
主記憶装置　4
10進2進変換　31
出力装置　5, 24
順序回路　85
順序機械　83
条件分岐　121
状態遷移図　83
状態遷移表　85
状態割り当て　93
冗長　177
情報圧縮　178
情報源　176
情報源符号化　178
情報理論　177
ジョブ　152
真空管　3

信号　175, 176
人工知能　207, 212
シンタクスエラー　172
水晶発振器　91
スタックポインタ　100
スーパーコンピュータ　3
スピードの差　152
スループット　154
スワップ　78
制御回路　142
制御記号　35
制御プログラム　161
静的経路　193
積和形　62
積和標準形　57
セクタ　17
絶対番地　114
セーブ　165
セレクタ　66, 75
前縁トリガ型　86
全加算器　71, 80
全減算器　80
占有使用　153
専用線　179, 191
ソースオペランド　102
ソースプログラム　167

タ行

帯域　178
タイミング図　90
タイムスライス　156
タイムチャート　90
多数決関数　52
ターンアラウンドタイム　154
蓄積交換方式　188
中央処理装置　4
中継器　178

チューリング 209
チューリング機械 209
調歩同期伝送方式 182
直接メモリアクセス 18
直並列変換 180
通信 175
通信のモデル 175
通信路符号化定理 177
ディジタル 37
ディジタルカメラ 2
停止問題 210
ディスクアドレス 17
デスティネーションオペランド 102
データ端末装置 180
データ通信装置 180
データの管理 160
データベースソフト 146
データリンク層 195
デバッガ 146, 173
デバッグ 153, 172
デマルチプレクサ 68
デーモンプロセス 192
テレタイプ 150
電源 48
電源回路 47
電子オーブンレンジ 23
電子メール 196
伝送媒体 176
伝送方式 181
同期式回路 132
同期伝送方式 181
統合開発環境 170
同軸ケーブル 179
動的経路管理 193
トークンリング 191
飛ぶ 120
ドライアイ 214

トライステート回路 131
トラック 16
トラップ 101
トランジスタ 47
トランスポート層 195

ナ行

2進化10進数 43
2進10進変換 31, 32
2値関数 51
2の補数表現 39, 40
入力装置 4, 20
熱雑音 177
ネットワーク層 195

ハ行

媒体交換可能性 20
排他的論理和 54
バイト 14
バイトスワップ 79
パケット 188
走らせる 169
バス 9, 130
バスドライバ 132
バスレシーバ 132
パスワード 151
パソコン 1
パーソナルコンピュータ 1
波長 180
バベッジ 3
パリティビット 36
半加算器 71
番地 13
パンチカード 154
判定機能 77
反転 73
万能チューリング機械 211

汎用レジスタ　99
被加数　69
光ファイバ　179
飛行機　3
ひずみ　184
ビット　12, 14
ビットごとの演算　74
ビット同期　182
必要な桁数　33
否定　54
非同期式回路　132
非同期伝送方式　181
表計算ソフト　146
ヒルベルト　208
ヒルベルトの第10問題　208
ファイル　171
フィールド　101
復調　184
符号　34
符号拡張機構　133
符号絶対値表現　39
符号理論　177
浮動小数点数　39
負の数の表現　39
フリップフロップ　85
フレームバッファ　25
プログラミング　170
プログラム　4, 163
プログラムカウンタ　100, 120
プログラムステータスワード　100
プログラム内蔵方式　10
ブロック　16
ブロック転送　111
フロッピーディスク　16
プロトコル　188, 194
分岐命令　121
変調　184

ポインティングデバイス　151
補助記憶装置　4, 16
補数　72
ホスト　189
ホームページ　204

マ行

マイクロ回線　179
マイクロコンピュータ　3, 5
マイクロプログラム　144
マイクロプロセッサ　3, 5
マウス　22
マスク長　189
マルチプログラミング方式　155
虫　153
命令解読　11
命令コード　101
命令実行　11
命令セット　101
命令取り出し　11
命令の実行　137
命令の取り出し　135
メインフレーム　3
メモリセル　12
メモリマップ　16
メーラー　198
メールアドレス　196
メールヘッダの情報　199
モデム　183, 184
モード　105
戻り番地　124

ヤ行

優先度　101
ユーザ認証　151
容量　20

ラ行

ライブラリルーチン　168
ラベル　122
ランタイム　169
リクエスト　149
量子化　37
量子化誤差　37
リレー　47
リンカ　123, 146, 168
リンク段階　169
ルータ　188, 189
ループ　122
例外・異常処理　160
レジスタ　10
レジスタアドレシング　106
レジスタ転送表現　115

レジスタファイル　132
漏話　177
ログイン　151
ローダ　165
ロード　165
ロボット　207
論理エラー　172
論理演算　74
論理回路　47
論理積　54
論理和　54
論理和標準形　57

ワ行

ワードプロセッサ　1, 146
ワープロ　1
割り込み　11

都倉信樹

1939 年兵庫県生まれ
1963 年大阪大学工学部電子工学科卒業
大阪大学教授，鳥取環境大学教授を歴任
現在，大阪大学名誉教授，工学博士
主な著書：『形式言語理論』(共著，電子情報通信学
　　　　　　会，1988 年)
　　　　　『コンピュータ概論』(岩波書店，1992 年)
　　　　　『プログラミングの基礎』(放送大学教育
　　　　　　振興会，1996 年)
　　　　　『情報工学　新版』(放送大学教育振興会，
　　　　　　1999 年)

コンピュータシステム入門

2002 年 4 月 26 日　第 1 刷発行
2023 年 6 月 5 日　第 15 刷発行

著　者　都倉信樹（とくらのぶき）

発行者　坂本政謙

発行所　株式会社 岩波書店
　　　　〒101-8002　東京都千代田区一ツ橋 2-5-5
　　　　電話案内 03-5210-4000
　　　　https://www.iwanami.co.jp/

印刷・精興社　カバー・半七印刷　製本・松岳社

© Nobuki Tokura 2002
ISBN 978-4-00-005383-9　　Printed in Japan

書名	著者	判型	頁数	定価
オペレーティングシステム	清水謙多郎 著	A5判	294頁	3300円
数値計算	戸川隼人 著	A5判	260頁	3190円
計算システム入門	所 真理雄 著	菊判	440頁	3740円
アルゴリズムとデータ構造	石畑 清 著	菊判	510頁	4620円
オペレーティングシステム	前川 守 著	菊判	486頁	4400円
〈岩波オンデマンドブックス〉 マイクロコンピュータの誕生 　わが青春の4004	嶋 正利 著	A5判	198頁	5500円

――― 岩波書店刊 ―――

定価は消費税10%込です
2023年6月現在